古建筑雕作

雷 雨／主编
陈晶淼 张国梁／副主编

化学工业出版社
·北京·

内容简介

本书包含五个章节，从我国传统建筑雕饰中的木雕、砖雕、石雕、泥塑四种雕刻装饰类型的起源和发展脉络开始讲起，对它们的应用分类方法、制作加工流程与手段、制作技法与工具使用方法等内容进行了详细的阐述和分析，在内容上涵盖了古建筑雕饰的主要类型。本书层次分明，脉络清晰，图例翔实，通俗易懂；注重理论与实践相结合，把雕作原理与设计创作方法融为一体，以丰富学习者的理论知识，提高学习者的感知与审美、创作与动手能力。

本书可作为古建筑、园林景观、工艺美术、建筑装饰设计等专业的教学用书，也可以作为古建筑、园林景观设计、传统工艺美术和相关专业的培训教材、参考或阅读资料。

图书在版编目（CIP）数据

古建筑雕作/雷雨主编. —北京：化学工业出版社，2021.3

ISBN 978-7-122-38413-3

Ⅰ.①古… Ⅱ.①雷… Ⅲ.①古建筑-装饰雕塑 Ⅳ.①TU-852

中国版本图书馆 CIP 数据核字（2021）第 019139 号

责任编辑：彭明兰　　文字编辑：刘　璐　陈小滔
责任校对：李　爽　　装帧设计：史利平

出版发行：化学工业出版社（北京市东城区青年湖南街 13 号　邮政编码 100011）
印　　装：中煤（北京）印务有限公司
787mm×1092mm　1/16　印张 13½　字数 328 千字　2021 年 7 月北京第 1 版第 1 次印刷

购书咨询：010-64518888　　售后服务：010-64518899
网　　址：http://www.cip.com.cn
凡购买本书，如有缺损质量问题，本社销售中心负责调换。

定　　价：88.00 元

前言

中国古代建筑的风格特色鲜明，其上各种不同材质、不同表现手法的雕刻作品，体现了我国传统文化中的审美意趣、劳动人民的聪明才智和创作者高超的创作水平。这些都是中华传统文化观念的物化显现。

本书是一本关于我国传统古建筑雕刻装饰的书。雕作，是指中国古代建筑工程中的木雕工艺，为宋《营造法式》中的名称。本书的命名主观上扩大了“雕作”的内涵，将我国传统建筑中的木雕、砖雕、石雕、泥塑的内容都囊括其中。用不同材质创作出的雕刻作品，有着别具一格的美学意蕴。希望能借此书，全面立体地向读者介绍古建筑雕刻装饰的知识。

本书共分为五章，第一章为绪论部分，主要对我国古代不同历史时期的古建筑雕刻艺术进行介绍，包括分类方式、历史分期、装饰雕作的分类与制度等内容。第二章为古建筑木雕部分，主要讲述木雕的起源与发展，木雕的题材与寓意，木雕与建筑的关系，木雕的地方特色、材料特性、制作工具与技法以及木雕的质量验收标准。第三章为古建筑砖雕部分，主要讲述砖雕的起源与发展、地方特色、建筑载体类型、工艺技法分类以及砖雕工艺工程标准。第四章为古建筑石雕，主要讲述石雕的起源与发展、刻制加工工艺以及石雕在建筑上的应用和质量验收标准。第五章泥塑部分，主要讲述泥塑的起源与发展、风格特点、制作方法和保护与修复。通过对这些内容的学习，可以使读者了解传统建筑中雕刻的文化内涵，掌握其表现方法，提高理论素养，传承和弘扬传统建筑文化。

本书由雷雨担任主编，陈晶淼、张国梁担任副主编。 第一章、第二章的第一至第六节、第三章、第四章的第一节由雷雨（山西工程科技职业大学）编写，第二章的第七节、第四章的第二至第四节由陈晶淼（山西工程科技职业大学）编写，第五章的第一至第三节由张国梁（山西国梁艺术工作室）编写，第五章的第四节由刘文博（山西工程科技职业大学）编写。 特别感谢参编刘文博对全书的图片和文字进行整体调整排布等；参编王虎伟、九美山丹以及山西建筑职业技术学院古建筑工程技术专业毕业生师源辉、秦旭峰、罗森、马晓燕、李化鲜等人为本书的编写提供图片作品；参编高志军、王晓华（山西工程科技职业大学）、张亚洁（太原科技大学）、张康宁（山西青年职业学院）搜集并提供参考资料。本书在编写过程中也选用、参考了其他文献，在此向文献的原作者一并表示诚挚的谢意。

本书的编纂难度较大，涉及的相关知识内容庞杂，由于编者水平有限加之编写时间紧迫，难免有不足、疏漏之处，敬请相关专家和读者批评指正。

雷　雨

2021 年 2 月

目录

第一章

绪论

第一节 古建筑雕作概述

中国古代建筑的形式多样，独具特色，并且个性鲜明，具有丰富多彩的艺术形象和光辉而悠久的历史。中国古代建筑艺术的特点是多方面的。我国古代劳动人民在几千年的发展历史中，按照自己的思想观念，创造了辉煌的建筑文化。作为古代建筑不可或缺的部分，雕刻装饰赋予了建筑生动的外貌形象，这些雕刻装饰融于整体建筑中，反映了中国建筑文化的多元化特点。

宋代的《营造法式》中就有雕作制度，对雕刻的操作规程做了相应规定，雕作是装饰与结构的统一，能充分发挥设计者的创造性。中国古代的建筑雕刻，按照材质分，一般有木雕、砖雕、石雕，统称为“三雕”，分别见图 1-1、图 1-2 和图 1-3。作为建筑的附属装饰，泥塑也属于建筑雕刻装饰的重要形式之一。建筑雕刻艺术，不但有雕和塑的区别，还存在各种技法的差别，这是我们在了解和学习的过程中必须注意的。雕，是减法，在大于成品的材料上，砍凿掉多余的部分而形成作品。塑，是加法，在小于成品的构架上，逐渐增加需要的部分而形成作品。但在一定的情况下，雕中也有加法，如在雕刻艺术品上贴塑泥片或镶嵌别的物件；而在捏塑好的艺术品上，进行镂空、刻画，即是在塑中做减法。因此，雕和塑的制作方法虽各有特点，但又都是互相联系、互为补充的。中国古代的工匠们，在不影响建筑构架的原则下，巧妙布局、精心雕琢，使建筑具备了中华民族特有的气质和品格，成为东方建筑文化中的瑰宝，在世界建筑雕刻史上独树一帜。

■ 图 1-1　建筑木雕

雕刻作为古代建筑装饰的重要表现方式，有着数千年的历史。但其空前繁荣和发展，是明代以后。宋元时期很少使用雕刻装饰物。明清时期，晋商、徽商的兴盛，促进了建筑行业的大发展，建筑雕刻达到前所未有的盛况。详见图 1-4、图 1-5。建筑雕刻的题材广泛，有戏曲人物、历史故事、山水景观、祥瑞动物、各种植物等，几乎涵盖了社会生活的各个方面，体现了古代人民对生活的关注与热爱。古代工匠凭借精湛的技艺，通过象形、会意、谐音、借喻、比拟等手法，创造出丰富的装饰造型和纹样，并以此寄托人们对幸福、美好、富庶、吉祥的向往和追求。

■ 图 1-2　建筑砖雕

■ 图 1-3　建筑石雕

■ 图 1-4　乔家大院

■ 图 1-5　徽商大院

中国古代建筑雕塑是中国古代艺术的精华，在题材内容、形式风格、雕塑技法，以及所使用的材质上都具有鲜明浓郁的民族特色、时代特征。因它具有可感的形式，更容易贴近人的心灵，更具民族代表性而成为一定时代的文化象征。如秦汉的雄浑大气，魏晋的风骨意蕴，唐宋的富丽端严等。无论哪个时代的雕塑都有写意传神的特点。雕刻者不但专注于雕琢作品的表面和细部，更注重由外在形象所引出的感觉、意境，从而引发人们一连串的遐想，把人们引向一个令人流连的艺术世界。

受历史分期、地域环境、使用功能、民族文化差异等因素的影响，我国古代建筑类型丰富，雕刻装饰的种类繁多。古建筑雕刻作为雕塑艺术的组成部分，与其他类型的雕塑艺术是相互借鉴和影响的关系。在对它进行研究学习之初，我们首先要对我国雕塑艺术的整体情况进行了解。

第二节 古建筑雕作的分类

我国古代建筑类型繁多，建筑雕塑种类的划分方式是相对的，既可以按照材质的差异来分，也可以按照题材的不同等进行分类。部分作品也会存在分类交叉现象，这是不可避免的。本书从古代建筑雕塑的社会功能角度出发，将其分为宗教雕塑、明器雕塑、陵墓雕塑、纪念性雕塑、建筑装饰雕塑、工艺性雕塑六个大类。而这六大类别，又几乎都与建筑环境相关。

■ 图 1-6 汉传佛教造像释迦牟尼佛

一、宗教雕塑

在六个类别中宗教雕塑所占比例较大，中国的宗教雕塑主要是佛教雕塑和道教雕塑。道教最初没有造像制度，后来受佛教文化影响才制作雕塑。中国的佛教雕塑又分为两大体系：一个是汉传佛教雕塑体系，也称汉式。汉传佛教，是以地理位置划分的佛教派别，流传于中国、日本、朝鲜半岛等地，为北传佛教中的一支，主要以大乘佛教为主。其造像详见图 1-6。另一个是藏传佛教雕塑体系，称为梵式。藏传佛教，又称藏语系佛教，俗称喇嘛教，是指传入中国西藏的佛教分支。它属北传佛教，与汉传佛教、南传佛教并称佛教三大地理体系，归属于大乘佛教之中，但以密宗传承为其主要特色。其造像详见图 1-7、图 1-8。

(a) 绿母度　九美山丹拍摄

(b) 文殊菩萨　九美山丹拍摄

■ 图 1-7 藏传佛教造像

■ 图 1-8　藏传佛教建筑雕刻　庙宇正脊脊刹

二、明器雕塑

明器雕塑是中国古代雕塑中数量庞大的一个类别。明器指的是古代人们下葬时带入地下的随葬器物，即冥器，同时也指古代诸侯受封时帝王所赐的礼器宝物。明器一般用陶瓷、木石制作，也有金属或纸制的。明器雕塑以陶、木、竹、金属、石等为材料，雕塑成人、动物、建筑物等形态的物件作为随葬品，起到替代真实的人和物的作用。故此类虚拟物的陪葬品就是明器雕塑。详见图 1-9、图 1-10。

■ 图 1-9　明器雕塑

■ 图 1-10　唐三彩俑　陕西历史博物馆藏

三、陵墓雕塑

陵墓建筑是中国古代建筑的重要组成部分，任何阶层对陵墓的构筑都是十分用心的。古代社会盛行厚葬，甚至不惜耗费巨额财力、大批人力精心构筑陵墓。陵墓建筑并非是单一的建筑体，而是融建筑、雕刻、绘画、自然环境于一体的综合性建筑，它是反映古代先民多种艺术成就的综合体。陵墓雕塑包括两类：一类是指陵墓外以石人、石兽等组成的仪卫，俗称“石像生”。以神道为轴线，布局重点强调正面神道，衬托陵墓建筑的宏伟气魄。另一类是对陵墓和陵墓内的建筑或构件，如墓门、华表、享堂、墓道、石棺等进行装饰的雕刻。就帝陵来说，石人包括文臣、武臣、勋臣，象征文武百官。石人也称“翁仲”。石兽有虎、狮、麒麟、骆驼、獬豸、天禄、辟邪、龙马、狻猊、象、貘、牛、羊、玄鸟等。详见图 1-11。

(a) 乾陵的石像生

(b) 乾陵石马

■ 图 1-11　陵墓雕塑

四、纪念性雕塑

纪念性雕塑是为表彰历史人物或纪念重大历史事件而创作的雕塑。人们可以从纪念性雕塑所塑造的艺术形象中了解过去，追思先贤，从中受到启迪和鼓舞。纪念性雕塑与园林、建筑相互衬托，对周围环境起到装饰、美化的作用，同时也是一种精神的寄托与象征。由于历史原因，中国雕塑与社会实际功利需要联系紧密。随着历史的更替与社会变迁，绝大多数纪念性雕塑没能留存下来，这使后人无法一睹当时的风貌。纪念性雕塑详见图 1-12。

(a) 江姐雕塑

(b) 人民英雄纪念碑

■ 图 1-12　纪念性雕塑

五、建筑装饰雕塑

建筑装饰雕塑是作为建筑附件或对建筑物的局部和建筑物构件进行装饰的雕塑，也就是我们前面提到的“三雕”以及泥塑。雕塑与建筑有着十分密切的关系。在古代，雕塑往往与建筑融为一体，达到浑然天成、相映成趣的效果。缺少了雕塑装饰的中国古建筑，一定会失其风貌，逊色很多。

建筑附属构件雕塑主要包括古代建筑前的狮子、华表、石碑等。详见图 1-13、图 1-14。建筑局部构件雕塑主要包括影壁、墙面、门楣、门窗、柱础、门枕、栏杆、角石、台基、斗拱、飞檐、鸱吻等，以及瓦当、画像石、画像砖、铺首、螭首、门簪等构件的装饰。详见图 1-15。例如，我们经常说的“门当户对”一词，便是来自古建筑雕作装饰构件。“门当”与“户对”最初是指古代大门建筑中的两个重要组成部分。门当，原本是指在大门前左右两侧相对而置的一对呈扁形的石墩或石鼓；户对，则是指位于门楣上方或门楣两侧的圆柱形木雕或砖雕，由于这种木雕或砖雕位于门户之上，且为双数，有的是一对两个，有的是两对四个，所以称为户对。用木头雕刻的户对位于门楣上方，一般为短圆柱形，每根长一尺左右，与地面平行，与门楣垂直；而用砖雕刻而成的户对则位于门楣两侧，上面大多刻有以瑞兽珍禽为主的图案。详见图 1-16。根据建筑学上的和谐美学原理，大门前有门当的宅院必有户对，所以，门当、户对常常被同呼并称。又因为门当、户对上往往雕刻有适合主人身份的图案，门当的大小与宅第主人的财势成正比，户对的多少与主人家的财势成正比。所以，门当和户对除了有镇宅装饰的作用，还是宅第主人身份、地位、家境的重要标志。

(a) 北京故宫太和殿前铜狮子

(b) 石狮子　山西民俗博物馆藏

■ 图 1-13　狮子雕塑

上述所提及的古建筑构件多是雕刻在可以展示的部位。汉代刘向的《新序·杂事》曾经讲过“叶公好龙”的故事：“叶公子高好龙，钩以写龙，凿以写龙，屋室雕文以写龙……”从雕塑的角度看，这也反映了当时建筑装饰上雕梁画栋的辉煌盛况。由于古代多为木结构建筑，很难长久保存，所以我们今天能看到的，多为明清时代的建筑装饰雕塑。

■ 图 1-14　石碑　山西民俗博物馆藏

(a) 龙头剑把之鸱吻

(b) 龙头鱼尾之鸱吻

■ 图 1-15　古建筑正脊之上的吻兽

(a) 五台山镇海寺门前抱鼓石

(b) 五台山镇海寺门上门簪

■ 图 1-16　古建筑的局部构件

六、工艺性雕塑

工艺性雕塑实际包括两大类：一类是指整体以雕塑的形式制成或用雕塑的形式加以部分装饰，具有实际生活用途的物品；另一类是不具备实际用途，只具有独立观赏价值，或作为礼器，或起装饰作用的小型雕塑。详见图 1-17。

■ 图 1-17　珐琅十字亭故宫博物院藏

第三节 我国古代雕塑的历史分期

一、先秦时期雕塑

先秦雕塑主要指的是秦代以前这段时期，包括原始社会、夏、商、周各代在内的雕塑。虽然这一时期的雕塑还处于十分幼稚的阶段，但已经显露出中国雕塑一些重要特征的端倪，对中国雕塑独特面貌的形成产生了深远的影响。例如：辽宁省牛河梁红山文化女神庙遗址出土的彩塑女神头像，详见图 1-18；四川省广汉三星堆出土的青铜人像，详见图 1-19；湖北省随州市曾侯乙墓出土的编钟铜人，详见图 1-20。这三件作品分别代表了先秦人物雕塑艺术发展的三个高峰时期，代表了新石器时代、商代晚期和战国早期大型人物雕塑的最高水平。

■ 图 1-18　辽宁牛河梁女神庙女神头像

艺术发展到今天，经历了从稚拙到成熟的发展过程，原始先民在生产力极低的条件下所做的种种“即兴创作”，令人无比惊叹。这种写实功力极不成熟但却能抓住对象的主要艺术特征进行生动表现，是难能可贵的。

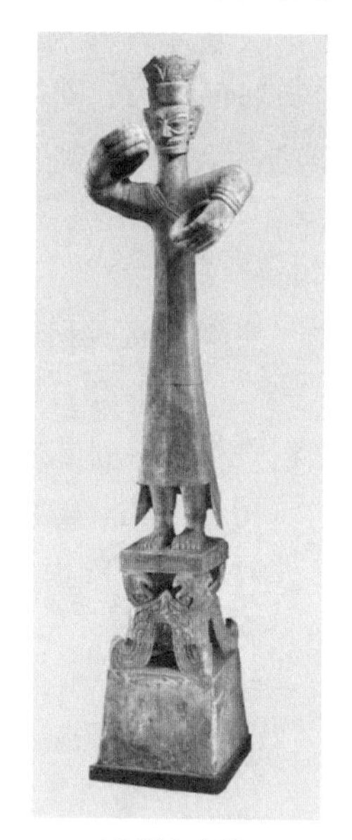

(a) 铜人立像

(b) 铜人头像

■ 图 1-19　四川广汉三星堆青铜人像

■ 图 1-20　湖北随州曾侯乙墓编钟铜人

（一）原始社会时期雕塑

原始社会时期雕塑的典型形态是陶塑。这一时期的先民掌握了一定形式美的规律和艺术技巧，采用夸张、强调、象征等方式进行刻画，表达创作意图，主要运用写实与装饰两种形式创造物象，通过捏塑、堆塑、贴塑、压塑等技巧完成形态塑造。辽宁省东山嘴和牛河梁女神庙两处红山文化遗址出土的裸体女性塑像，据专家们观察分析，大、中型女性塑像在堆塑泥巴前先根据造型的需要，用木柱作中心支架，四肢用禾草秸包扎，形成一个基本的骨架结构，接近人体大小，但从残缺肢体腔内遗留的骨骼碎片分析，也可能是用人骨作支架。支架搭好后用准备好的粗泥料先贴塑出大体形状，再用中泥修补小的部位，使塑像的各个部位有机地统一起来，基本达到设计的要求，最后用细泥在表面包塑一层，再进行细部加工修整，打磨光滑。塑像打磨光滑后，有的绘彩还根据需要做局部的插嵌。女神庙遗址出土的一件头像，就是面部涂红彩，唇部涂朱，两眼眶中镶嵌玉石为睛，显得炯炯有神。陶塑的选土是一项很重要的工作，新石器时代的仰韶文化、大汶口文化和马家窑文化的陶塑，就普遍选用红土、沉积土或黄黏土，成型后再经火烧，成为一种土与火的艺术。

（二）夏、商、周时期的雕塑

夏、商、周时期的雕塑典型形态是青铜雕塑，前中期装饰性强，充满幻想成分，其形象迥异于日常所见，怪诞奇特，具有浓厚的神秘色彩。

夏代的先民烧制陶器，琢磨石器，制作骨器、蚌器，冶铸青铜器，也制作木器等。陶器多呈灰黑色、灰色或黑色，且质地坚硬。陶器表面除多施用篮纹、方格纹与绳纹等装饰外，还有精美而细致的指甲纹、羽毛纹、划纹、圆圈纹和镂刻等装饰。详见图 1-21。器形品种有炊器、饮器、食器和盛储器等几十种。特别是有些造型美观、工艺精湛、胎质细腻、薄如蛋壳、器表漆黑发亮的磨光黑陶器是这一时期的代表。在石器制造方面，以钻孔石铲与石刀为主。各种石器磨制精致，在少数靠近山区的遗址中，有较多的石器成品出土。而在远离山区的地方半成品和打下来的石片则不多见，说明这些地方出土的石器都是从制造石器的地方交换而来，还说明当时已经出现石器的专门加工和交换。夏代有冶铸青铜器的记载，如“禹铸九鼎”和夏启命人在昆吾铸鼎。1980年在登封王城岗出土了一件青铜残片，残片宽约5.5厘米，高约5厘米，壁厚0.11～0.15厘米，经化验得知它是含有锡、铅、铜的青铜。其器形有可能是青铜鬶，有些学者认为，夏代已经铸造铜器，并进入了青铜时代。[1]

商周时期的建筑装饰雕塑主要是有人物和动物形象的石质建筑构件，如陶质花纹砖，兽纹、植物纹瓦当，筒瓦，兽形排水管，青铜兽形辅兽衔环等。详见图1-22、图1-23。战国时期保存下来的建筑装饰以瓦当为最多。燕国多双鸟、双兽纹瓦当，齐国多树木卷云纹瓦当，赵国和秦国多鸟兽组成的圆形瓦当，而周王城出土的则以卷云纹半圆瓦当为主。这一时期的建筑装饰雕塑呈现多姿多彩的景象。河北易县燕下都遗址出土的虎头形排水管，极其巧妙地将十分夸张的虎口作为排水管口，既凶猛又带有稚气。详见图1-24。

■ 图1-21　黑陶　山西博物院藏

■ 图1-22　西周晋侯邦父鼎　山西博物院藏

■ 图1-23　西周晋侯鸟尊　山西博物院藏

■ 图1-24　虎头形排水管

[1] 李先登. 王城岗遗址出土的铜器残片及其它. 文物，1984（11）：73.

二、秦汉时期雕塑

秦汉雕塑曾被人们忽视。随着美术考古的发展，人们才重新评估秦汉雕塑的意义。从中国美术史的角度看，秦汉时期，雕塑成了整个美术的中心，因此这一时期的雕塑格外令人珍视。秦代大型的纪念碑式雕塑作品的出现，标志着中国雕塑走向成熟。秦汉时期的雕塑风格是表现阳刚之美，艺术表现上更加注重团块感、厚重感，尤其注重力量、气势和动态的表现。它所采用的手法体现出的是古朴、粗犷、浑厚和拙重感。秦和西汉是我国建筑史上的第一个高峰，在建筑装饰上呈现檐牙高啄、山节藻棁、雕镂刻画的雕塑盛况。

在《西安府志》中有关于秦始皇引渭为长池，筑为蓬莱山，刻石为鲸鱼的记载，这个巨大的石鲸应当视为园林建筑装饰雕刻。汉代建筑也十分重视装饰，张衡《西京赋》描写过汉代宫阙设置青铜人像的情景“高门有闶，列坐金狄”，所描述的应当是青铜侍卫的人物雕塑形象。汉武帝元狩三年，取材牛郎织女神话故事，在上林苑昆明池东西两岸，按左牵牛、右织女的格式设置花岗岩石刻。这组石刻是中国早期园林装饰雕塑的代表。汉武帝元狩六年，少府属官左司空署内的优秀石雕匠师所雕造的陕西兴平市道常村西北的霍去病墓石雕，是一组纪念碑性质的大型石雕群，多是根据原石自然形态，运用圆雕、浮雕、线刻等手法雕刻而成。它包括马踏匈奴、石马、卧虎、象、蛙、鱼、野人、异兽食羊、卧牛、野人抱熊、猪、龟、羊等16件，另有题铭刻石两件。《马踏匈奴》这件石雕是霍去病墓石雕群中最引人注目、最具有纪念意义的一件代表作。战马形象雄健超凡、形神兼备，被赋予人格象征。马下人物也雕刻得生动逼真，他手握弓箭挣扎又无可奈何。这件石雕反映了霍去病的功绩，现存茂陵博物馆。详见图 1-25。

■ 图 1-25　霍去病墓石雕——马踏匈奴

“秦砖汉瓦”是这一时代豪华建筑的遗物。秦代空心大砖在陕西咸阳一带较为多见，常装饰以动物、植物以及狩猎等图案，西汉时期的砖主要为两类：一类是垒墙的空心砖，砖面多用印模制出丰富多彩的纹饰，如几何纹、人物车马图案、宴乐歌舞图案等；另一类是铺地的方形砖，多雕刻有几何花纹，间有吉祥文字。东汉砖变化多样，且有地域特点。瓦当是用于遮雨的瓦件材料。秦瓦当一改战国时燕齐等国流行的半圆形为圆形。详见图 1-26、图 1-27。

■ 图 1-26　瓦当　秦　陕西历史博物馆藏

■ 图 1-27　砖刻仙人骑凤图　陕西咸阳秦都一号宫

三、魏晋南北朝时期雕塑

对中国雕塑影响最大的是佛教雕塑的兴盛与繁荣。佛教的传入，使服务于宗教活动的处所——寺庙，有了自己独特的外观风貌和装饰特点。魏晋南北朝时期因特殊的社会文化背景，雕塑艺术进入了一个特殊发展时期。除了建筑构件上的雕饰以外，造像是非常重要的一部分，它是一种物化的、偶像式的精神标志，具有宗教性、艺术性、审美性等多重意义。该时期的佛教造像在中国雕塑史上具有独特的艺术风格，并且佛教造像表现手法因地域不同而有所区别，具体表现为“秀骨清相”和“大丈夫之相”两种风格，秀丽典雅和粗犷壮美并存。魏晋南北朝时期是精神上极为自由解放，最富有艺术精神的一个时代。玄学的出现，对哲学、美学等领域产生了深远影响。人们为了寻求精神寄托使得外来佛教迅速发展。形象化的佛教雕像因其有效的宣传作用而在社会中得以发展。详见图 1-28。

■ 图 1-28　魏晋南北朝造像

该时期佛教雕塑着重刻画了人物的神情面貌，而面目神情则通常是通过眼神和嘴唇变化、五官构造、身姿手势等来表现。造像的线条具有很强的形式美感，在人物衣纹雕刻上，更能体现线条的作用，达到出神入化的境界。

佛教雕塑主要题材有佛像、菩萨像、声闻像、护法像、供养人像几个类型。

（一）佛像

佛像就是佛之形象。因教义不同，佛有很多种称谓。除释迦牟尼佛外，还有弥勒佛、毗卢遮那佛、阿弥陀佛、药师佛等。弥勒佛有三种形象：早期的是菩萨装束，交脚坐式；北魏时期演变为佛装形象；五代时期演变为大肚子弥勒佛形象。佛又分三世佛，有横三世佛、竖三世佛。横三世佛（又名三方佛），指中央释迦牟尼佛、东方药师佛、西方阿弥陀佛。详见图 1-29。竖三世佛指过去佛燃灯佛、现在佛释迦牟尼佛、未来佛弥勒佛。还有三身佛：报身卢舍那佛、法身毗卢遮那佛、应身释迦牟尼佛。详见图 1-30。

(a) 西方阿弥陀佛　(b) 中央释迦牟尼佛　(c) 东方药师佛

■ 图 1-29　横三世佛像

(a) 报身卢舍那佛　(b) 法身毗卢遮那佛　(c) 应身释迦牟尼佛

■ 图 1-30　三身佛像

由于教义变化，出现了多种佛像名称，但仍有大体相似定律。佛的形象在佛经中有“三十二相，八十种好”的说法，简称“相好”。相好是积因果报，显现在颜面或身体各部位，有特异的形象特点，如“顶成肉髻相”“眉尖白毫相”等。“好”为小相，是对佛的形象更具体的描述，如“眉如初月，耳大垂轮”等。详见图1-31。佛的姿势最常见的有坐、立、卧三种。坐式主要有：结跏趺坐（又称全跏坐），双脚在膝上盘起；半跏坐，一脚下垂，一脚盘在膝上；倚坐，双脚下垂并置。立式主要有：双脚并拢的直立像、伸出一脚的展足立像、身躯微向前倾的斜立像。卧式主要有卧佛，也称“吉祥卧”，即“东首右肋卧，枕手累双足”，右肋侧身而卧，左臂平放在左腿上，双足累叠，双目微闭。

手印，在佛教中又称为印契，现常指密教在修法时，行者通过双手十指交叉所结成的各种姿势。手印还音译为母陀罗、慕捺罗、母捺罗，或称印相、契印、密印，或单称为“印”。手印形式可有多种变化，每种都具有特殊的含义与作用。详见图1-32。常见的有智拳印、期克印等。

■ 图1-31　佛造像　山西博物院藏

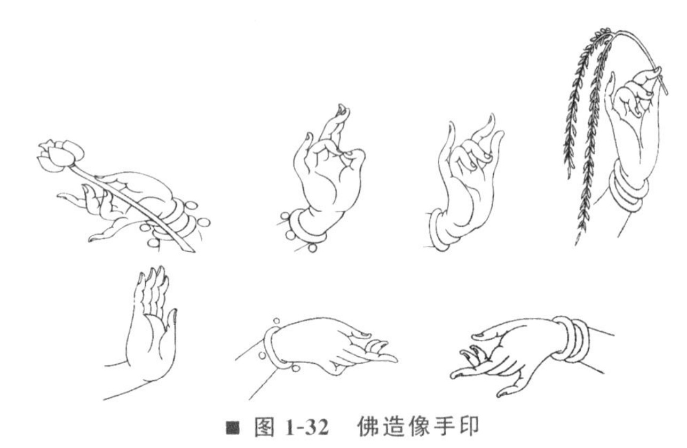

■ 图1-32　佛造像手印

汉传佛教佛像上的手印有说法印、禅定印、降魔印、施无畏印、与愿印等。佛的不同手印具有不同的意义。说法印，右手前举，手心朝外，以拇指和食指（或中指、无名指）扣圈，其余三指自然伸展，表示佛在说法。相传释迦牟尼在鹿野苑郊外首次说法时，就用这个手印。禅定印，佛陀入于禅定时所结的手印，常为跏趺坐姿，双手相对仰放下腹前膝上至脐下一带，一掌置于另一掌之上，右手置左手上两拇指相接。降魔印，又称“触地印”，左手自然下垂，五指并拢向下，掌心朝内，食指伸直指向地面，指尖和地面相触（也有使用右手的）。施无畏印，右手上举于胸前，五指并拢，自然伸直，指尖朝上，掌心朝外。与愿印，左手自然并拢下垂，掌心向外，与愿印与施无畏印往往配合使用，是释迦牟尼的常用手印。

（二）菩萨像

菩萨是“菩提萨埵（duǒ）”的简称，也称作“大士”“开士”，意为“觉有情”“道众生”。由于菩萨是佛位的继承人，因此也称之为“法王子”，这个语词的音译为“究摩罗浮多”，意译又称为“童真”。

观音菩萨的形象可以说是深入人心，造像的布局有一些固定搭配。菩萨与菩萨，菩萨与佛有固定的位置。如“弥陀三尊”（西方三圣）中间为阿弥陀佛，左为观音菩萨，右为大势至菩萨。详见图1-33。“华严三圣”中间为毗卢遮那佛，左为文殊菩萨，右为普贤菩萨。“释迦三尊”中间主尊为释迦牟尼佛，左为文殊菩萨，右为普贤菩萨（在发展演变过程中也有其他说法）。详见图 1-34。

■ 图 1-33　弥陀三尊　上海博物馆藏

■ 图 1-34　七宝台造像“释迦三尊”像龛　唐代　日本奈良国立博物馆藏

（三）声闻像

佛经中有“闻声而觉者”，闻声而得道者名为声闻，后泛指那些遵照佛的说教修行，并已达到自身解脱的出家人。狭义的声闻僧是指佛世时的出家弟子，他们听闻佛陀教法，彻悟四圣谛，修小乘戒定慧，以解脱生死烦恼，进而证得阿罗汉果位，脱离三界，证悟涅槃。广义指凡剃发染衣，现出家形象者。声闻像包括弟子和罗汉两大类。详见图 1-35。

(a) 双林寺声闻像

(b) 双林寺罗汉像

■ 图 1-35　山西平遥双林寺塑像

（四）护法像

护法是对佛教世界里发誓做释迦牟尼的眷属，护卫佛法的圣僧、天神，以及人与非人等众生部属的总称。“天龙八部”是守护佛法的八种异类，包括天、龙、夜叉、乾闼婆、阿修罗、迦楼罗、紧那罗（天歌神）、摩睺罗伽（蟒神），在雕塑中后四部不常见。护法天神有四大天王，其法器象征风调雨顺。又有梵天、帝释天、四天王、十二神将、二十八部众等善神听闻佛陀说法后，皆誓愿护持佛法，这类诸神总称为护法神，或称护法善神。他们是佛教的护法者，拥护佛陀的正法。保护佛法的人，亦称之为护法。详见图 1-36。

(a) 十八罗汉像局部

(b) 四大天王

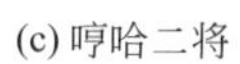

(c) 哼哈二将

■ 图 1-36　护法像彩塑

（五）供养人像

供养人不是佛教人物，是捐资造像的人。供养人像，就是人们为了表示虔诚、留记功德和名垂后世，雕刻的自己和家族亲属等人的肖像。详见图 1-37。由于供养人像是根据现实人物所作，多数有文字题记，而且图文并茂，是研究文物年代、制作者及绘画、雕刻艺术等的重要资料，长期以来，其历史和艺术价值为研究者所重视。

■ 图 1-37　山西平遥双林寺供养人像

统治者利用宗教大建寺庙，凿窟造像，利用直观的造型艺术宣传统治者的思想。代表性的石窟为：敦煌石窟、云冈石窟、龙门石窟、麦积山石窟等。石窟内雕塑大量的佛像，有石雕、木雕、泥塑、铜铸等，佛像雕塑遂成为当时中国雕塑的主体。这些石窟在发展中不断增加新的雕塑作品，历代都对石窟进行重修、扩建和补充。石窟艺术在中国雕塑中很有代表性。魏晋南北朝时期雕塑的特点为较注重细部的刻画，技术更纯熟，雕塑形象具有神化倾向和夸张的特征。宗教使雕塑艺术的题材单一化，但以宗教精神作为内在动力却也促进了大量精品的诞生。

四、隋唐时期雕塑

隋唐时期是继汉代之后，又一个以佛教雕塑为中心的高峰，其次是陵墓雕塑和明器雕塑。经过隋和初唐过渡之后的一段时期，先民融会了南北朝时北方和南方的雕塑艺术成就，又在丝绸之路上汲取了域外艺术的养分，创造出了具有时代风格的不朽杰作。例如帝王陵墓前大型纪念性群雕。详见图 1-38。隋唐雕塑作品的题材，主要是陵墓雕刻、随葬俑群、宗教造像，也有供赏玩的小型雕塑艺术品。此外，还有用于建筑或器皿装饰的工艺雕塑作品。隋代由于年代不长，存世的纪念性雕塑至今未见，而唐代纪念性雕塑十分兴盛，文献中多有记载，只是现存遗物较少。因此，在中国古代雕塑艺术史中，唐代雕塑堪称精彩的篇章。详见图 1-39、图 1-40。唐代国富民强，对墓俑、造像等雕塑品

(a) 无字碑

(b) 藩臣像

■ 图 1-38　唐乾陵雕塑

(a) 莫高窟唐代彩塑

(b) 彩塑局部

■ 图 1-39　甘肃敦煌莫高窟唐代彩塑

(a) 五台山佛光寺彩塑

(b) 五台山佛光寺菩萨像

■ 图 1-40　山西五台山佛光寺唐代彩塑

的需求量很大。人们的宗教观念也发生变化，盛唐时的整体社会面貌比较乐观豁达，佛教艺术也出现世俗化倾向，佛教造像接近现实生活中的人物形象。唐代雕塑艺术能够在不失本民族传统的基础上，积极吸收其他民族优秀的经验，不断丰富自己。唐代社会开放，人们思想活跃，精神相对解放，雕塑艺术因此十分富有想象力和创造性。雕塑的各门类发展平衡，技术趋于成熟，就完整性而言是后来各朝代未能企及的。这一时期的建筑装饰雕塑有零星遗存，特别要提的是河北赵县安济桥（又称赵州桥）的栏板浮雕。它的望柱、仰天石、栏板都有雕刻装饰。详见图 1-41。

(a) 安济桥全貌

(b) 安济桥栏板雕刻图案

■ 图 1-41　河北赵县安济桥

五、五代、宋、辽、金时期雕塑

五代、宋、辽、金时期，佛教中心南移，造像风格世俗化。雕塑由“理想的风格”向“愉快的风格”过渡，其中以宋最有代表性。延续唐代的余韵，宋代的雕塑风格开始朝细腻工巧的阴柔之美倾斜。此时罗汉造像越来越多，佛教雕塑向世俗化发展，雕塑中庄严、神圣的气度也大大减弱。宋代的纪念性雕塑、陵墓雕塑尚有遗存。巩义市的北宋帝陵石雕虽形制完备，保存也较完整，但比起唐陵则在气势上逊色许多，其人物形象拘谨，动物情态温驯。详见图 1-42。纪念性雕塑以太原晋祠侍女像为代表，该像的雕刻者十分重视对人物内心的刻画，捕捉人物表情和动作的细微变化。详见图 1-43。宋代工艺性雕塑十分兴盛，涌现出了大量民间艺人，这一时期的陶瓷雕塑、石雕、木雕、竹雕等，都具有较高的工艺水平。

(a) 北宋帝陵石像生

(b) 北宋帝陵人物与动物石雕

■ 图 1-42　河南巩义市北宋帝陵

六、元明清时期雕塑

元、明、清三代跨越的时间很长，从雕塑艺术的发展来看，这一时期的雕塑艺术整体呈下坡趋势。但为生活服务的建筑装饰雕塑和工艺小品雕塑的繁荣却超过以前各个时代。这一时期工艺雕塑技术的发展，影响了雕塑艺术的创作手法和造型样式。在明清两代，尤其在明代前期，也曾产生了不少继承唐宋衣钵的雕塑作品。但此后就变得萎靡纤巧、因袭摹仿，少

(a) 晋祠圣母殿

(b) 晋祠圣母殿侍女像

■ 图 1-43 晋祠圣母殿雕作

有创新，这是由于当时的社会现状及人们的思想意识倾向所决定的。

元朝官府为了满足蒙古贵族奢靡生活的需要，从民间搜刮有一定手工艺技术的工匠。这些工匠中也有少数精于雕塑的人才，所有工匠都规定子孙世袭，被长期“鸠聚”，终日辛勤工作，不得休息，更不能改业离去，工匠的积极性和创造性难以发挥，阻碍了手工业技术包括雕塑技术的发展。详见图 1-44。元代的喇嘛教造像盛行的同时，道教在元代也很兴盛，道教造像也多有遗存，甚至元代还有属于道教的石窟。元代曾设立专司雕塑之作的“梵像提举司”。足见元代对于佛、道雕塑造像都是很重视的。元代发达的是工艺性雕塑。

从明代遗留至今的一些雕塑造像的造型风格上不难看出，它不只是继承了宋代的风格，更与盛唐时代的风格有些接近。只是由于城市工商业和世俗生活的进一步发展，佛教石窟造像减少，能够代表明代佛教雕塑成就的也就是寺院雕塑。城市寺庙中的造像，除佛、道造像以外，其他的神祇（qí）如城隍、土地、关羽、岳飞等的造像逐渐增多，这样使得中国雕塑艺术在题材内容上得到了多方面的发展。明代大力提倡恢复汉民族文化传统，寺庙造像有较大的发展，现存有代表性的寺庙造像主要集中在北京、山西、陕西、甘肃、四川等地。其中最具代表性的是山西平遥双林寺的彩塑。双林寺建寺比华严寺早，后毁于战火，明代又重修。全寺有 10 座殿堂，共有大小塑像 2000 多尊，是中国古代造像最多的寺院之一。寺庙内的十八罗汉造像，塑绘技艺高超。罗汉造型坚实，有金石感。另外还有大型的泥塑，塑造的人物形象达上千尊，展现了佛国仙境和弃官求佛的现实生活场面，这些造像在艺术处理上生动活泼，富有创造性，堪称明代造像的优秀代表，是又一个佛教艺术宝库。明代恢复汉民族的统治地位后，力图恢复大唐制度，帝王陵也多效仿唐代。陵墓设置大型仪卫性石雕以示国力和权威。明太祖的孝陵，在神道上设有狮子、獬豸、骆驼、大象、马和麒麟 6 种石兽，这些石兽是用整块石材雕刻而成，体现了明初恢复盛世的昂扬精神。此外还有一对望柱、两对文臣、两对武将。望柱顶置圆柱形冠，柱身满雕云龙纹，改变了唐宋以来神道望柱顶部作莲花式的风格，具有艺术上的创新意义。明十三陵在山麓之中，以长陵为中心共用一个神道，造型与样式皆仿效孝陵，神道两旁的石雕刻画细致，但徒有形体，缺乏气势。详见图 1-45。

(a) 山西洪洞广胜寺毗卢殿外观

(b) 毗卢殿门窗

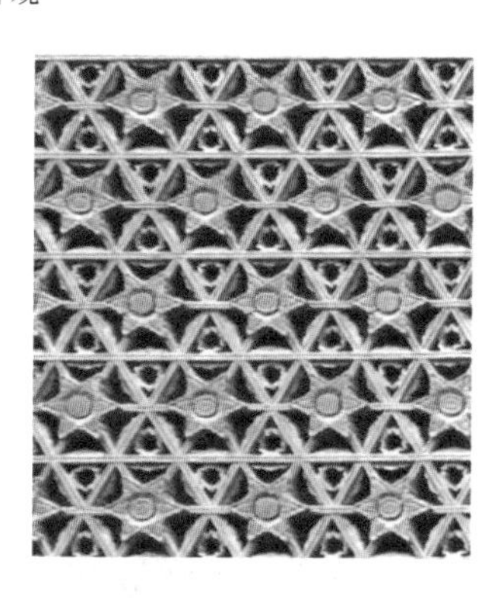

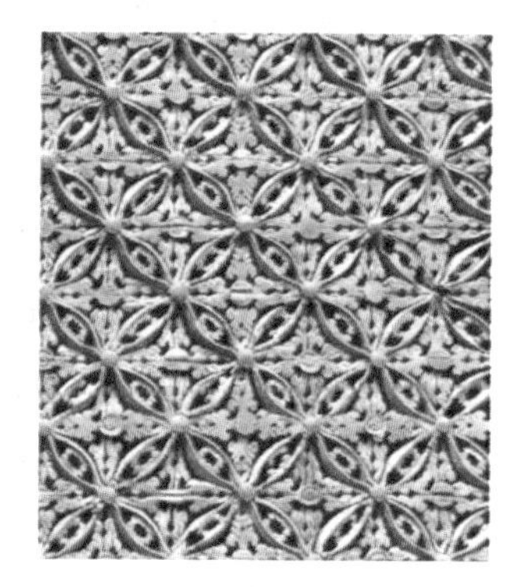

(c) 门窗雕刻局部

■ 图 1-44　山西洪洞广胜寺毗卢殿

到清代中国佛龛窟造像已经基本停止，在雕塑艺术上，刻意摹仿前代，缺乏生气。到了清代的帝王陵，更失去了前代的雄浑之美，虽形体巨大、坚实厚重，但精心雕刻的作品如同玩偶和模型。清代后期这种现象更是普遍存在。雕塑制作的题材内容方面沿袭明代，这一时期的世俗神祇造像和小品工艺雕塑较之明代变得繁多。清代较有特色的是建筑装饰雕塑和工艺性雕塑。详见图 1-46。

■ 图 1-45　十三陵神道　明代

■ 图 1-46　山西渠家大院建筑局部

中国一直有重视建筑装饰的传统，明清尤甚。明人谢肇淛在《五杂俎》中说："富室之称雄者，江南首推新安，江北则推山右[1]。"现存遗址证明了明代居民两大建筑风格群的分布，一是以徽南为中心，遍及浙西、浙南；另一是以山西中南部为中心向四周辐射。

第四节 建筑装饰雕作的分类与制度

明清时期的建筑装饰雕作普遍以木、砖、石为材料，根据装饰的部位不同所用的材料也不同。木雕多用于梁架、斗拱、雀替、檐条、柱板、门窗等处。砖雕大多用于建筑构件如大门、照壁、墙面的装饰。石雕则多用于台基、门脸、抱鼓、栏杆等处。具有相对独立性的建筑雕塑装饰着相对独立的小型建筑，但它们大都附属于建筑整体或建筑群。例如：照壁，又称影壁，唐宋后出现，明清两代多盛行"九龙壁"；华表、望柱，天安门前的华表建于明代；牌坊、碑，皖南歙县城西堂樾村有相连的七座石坊，体现了徽派石雕的风格，当地还保留了较多的石碑。

一、古代雕作分类

中国古建筑有丰富的雕刻装饰，一般分成两类，一类是在建筑物上，或雕刻在柱子、梁枋上，或塑制在屋顶、梁头上的。人物、神佛故事、飞禽、走兽、花鸟、鱼虫、龙凤等题材被广泛采用。另一类是在建筑物里面，或是在两旁前后独立设置的，它们大多脱离建筑物而存在。

二、古代雕作制度

宋代《营造法式》较为详细地记载了宋时的雕作制度及工艺情况，从雕作形式角度将"雕作"分为六种：混作、雕插写生花、起突卷叶花、剔地洼叶花、平雕透突诸花、实雕。现代手工雕刻技法与其基本相同。

（一）混作

混作即圆雕。圆雕是指非压缩的，可以多方位、多角度欣赏的三维立体雕塑。观赏者可以从不同角度看到物体的各个侧面。它要求雕刻者从前、后、左、右、上、中、下全方位进行雕刻。《营造法式·雕作制度》规定混作有八个品类：一曰神仙，二曰飞仙，三曰化生，四曰拂菻，五曰凤凰，六曰狮子，七曰角神，八曰缠柱龙。如在木栏杆望柱头上和匾额四周雕刻神仙、凤凰、童子、狮子之类，在屋角大梁下雕刻角神，在佛龛藏经柱上雕刻盘龙等。详见图 1-47。

■ 图 1-47　圆雕作品——望柱柱头

[1] 新安指今安徽，山右指今山西。

（二）雕插写生花

雕插写生花是专用于檐下斗拱间拱眼壁上的木雕盆花，其题材为牡丹、芍药、芙蓉、黄葵、莲花等花卉的盆栽。详见图 1-48。《营造法式·雕作制度》规定雕插写生花之制有五品：“一曰牡丹华，二曰芍药华，三曰黄葵华，四曰芙蓉华，五曰莲荷华。”《营造法式·雕作制度》没有明确记载雕插写生花的雕刻要求，只记载：“凡雕插写生华，先约栱眼壁之高广，量宜分布画样，随其舒卷，雕成华叶，于宝山之上，以华盆安插之。”

(a) 木雕拱眼壁

(b) 砖雕拱眼壁

■ 图 1-48 古建筑拱眼壁雕刻

（三）起突卷叶花

起突卷叶花全称为剔地起突卷叶花，是木雕中应用最普遍的一种高浮雕雕法。通过对花瓣、花叶和枝梗翻卷穿插交搭处进行镂雕，减低花形四周地子来增强雕刻的立体感。主要花纹有海石榴花、宝牙花、宝相花等。雕法技巧上要求表里分明，花叶相卷，枝条圆混相压，特点是花纹“卷叶”。每一叶上面，雕成三卷的为上，两卷次之，一卷又次之。详见

图 1-49。《营造法式·雕作制度》中提到“三品”，即“一曰海石榴华，二曰宝牙华，三曰宝相华”，但在注中又说“谓皆卷叶者，牡丹华之类同”。说明起突卷叶花题材除了海石榴花、宝牙花、宝相花之外，其他的花纹也可作雕刻的题材。花纹间还以龙、凤、化生、飞禽、走兽等形象穿插。这种雕刻常用于梁、额、格子门的腰华板、牌匾、钩阑华板、云拱、寻杖头、椽头盘子、平棊等处。

■ 图 1-49　剔地起突花刻柱础

（四）剔地洼叶花

剔地洼叶花与起突卷叶花相似，只是花、叶翻卷，枝梗交搭，地子只沿花形四周用斜刀压下，突出花形而不减低整体形象。《营造法式·雕作制度》把剔地洼叶花称为“剔地（或透突）洼叶（或平卷叶）华”。其题材有“一曰海石榴华，二曰牡丹华，三曰莲荷华，四曰万岁藤，五曰卷头蕙草，六曰蛮云”。在具体运用中，也可以采用其他花纹。《营造法式》中还规定花纹之间要有龙、凤之类的团穿插其中，相当于石雕中的压地隐起，属于浮雕。

（五）平雕透突诸花

平雕透突诸花也称“透雕”，即花纹局部镂空的雕法。详见图 1-50。《营造法式·雕作制度》在“剔地洼叶华”中有“亦有平雕透突（或压地）诸华者，其所用并同上”的记载，从名称可知应该是一种在平板上将花形间空隙镂刻掉，再用剔地起突或压地隐起雕法雕出的浅浮雕。其题材主要有海石榴花、牡丹花、莲荷花、万岁藤、蛮云等，广泛运用于梁、额、

(a) 山西朔州崇福寺弥陀殿

■ 图 1-50

(b) 弥陀殿门窗透雕纹样

■ 图 1-50 透雕作品

格子门、钩阑、椽头、平綦等部位。

（六）实雕

实雕就是不凿去地，随构件形状用斜刀压雕，隐出花形的雕镌手法，该手法收效佳而用工省。木栏杆的云拱、地霞，叉子头的花纹，博风板上的垂鱼、惹草等处的花饰以及一些石雕，常用这种雕法。详见图 1-51。《营造法式·雕作制度》关于实雕的记述："若就地随刀雕压出华文者，谓之实雕，施之于云栱、地霞、鹅项或叉子之首，及牙子版，垂鱼、惹草等皆用之。"

■ 图 1-51 山西高平王报村二郎庙戏台

古建筑木雕

第一节 木雕的起源与发展

木雕，是以各种木材及树根为原材料进行雕琢加工的一种工艺形式，是传统雕刻艺术中的重要门类。中国木雕的产生、发展与本民族的生活环境、文化传统、观念意识、生活习惯有着密切的联系。自从人类诞生，就开始了对树木资源的利用，如构木为巢、劈木为舟、雕木为桨、钻木取火等。所有这些使用木材的行为，都使得原始先民与之产生无法断绝的联系。除结绳记事之外，人们还用刻木的方法来记事，这应该可以被视为后来木雕艺术的肇始之举。自古以来中国人一直追求崇尚自然，尊重自然的理念。木材自身所具有的特点与古人的哲学观相契合，因此木材在中国的建筑和古典家具中，占据了举足轻重的地位，形成了独具东方特色的“木文化”。在历史的发展过程中，人们对木材的利用达到了极致的地步。因而木材在人类的生活中一直扮演着极为重要的角色。

从木雕的概况分析，我们发现木材作为传统雕刻的材料之一，其优势表现为便于采集、可塑性强、结构灵活、易于拼装，具有柔韧性、通透性等物理属性。同时木材的缺陷是易腐蚀、易变形，不易保存等。就是这样一种并不能称为完美的材料，我们的祖先将雕刻技艺在其身上发挥得淋漓尽致。事实上，这种做法体现出的内涵是：呈现物态化的木雕作品不仅是物态形式的精神作品，也是精神活动的物化载体。

一、木雕的起源

燧人氏是汉族神话传说中上古时期的部落首领，燧明国（今河南商丘）人，有巢氏之子。他在今河南商丘一带钻木取火，教人制熟食，是华夏人工取火的发明者，结束了远古人类茹毛饮血的历史。燧人氏的神话反映了中国原始时代从利用自然火，进化到人工取火的历史。燧人氏是神话中以智慧、勇敢、毅力为人民造福的英雄。燧人氏死后葬于今商丘古城西南，建有燧皇陵。燧人氏钻木取火，在钻木的过程中，使木材上有雕凿的痕迹，也许可以认为这是木雕的起源。

通常的观点认为，中国的木雕艺术起源于新石器时代。但实际上，木雕艺术同其他雕塑艺术一样，是伴随着人类的诞生而产生的。只是一开始是一种不自觉的行为，直到人们有了审美意识，木雕才真正成为一门艺术。

二、木雕的发展状况

我们推断，木雕是在人类掌握了工具制造之后，并且是在发明其他器具的过程中相伴产生的。因为，陶器的制作加工，需要先把木质材料雕刻成想要的器具形态，然后在木质的胎体外附上泥土再进行烧制。有观点认为，木雕大约可以追溯到原始社会新石器时代后期的制陶工艺。详见图 2-1。

(a) 人面纹彩陶盆　陕西西安半坡遗址

(b) 新石器时代彩陶

■ 图 2-1　彩陶

（一）原始时期木雕

我国木雕装饰的历史，可以追溯到新石器时代的新乐文化。辽宁省沈阳市出土了一件距今约 7200 年，外形似鹏鸟称为太阳鸟的“木雕鸟”工艺品。它是目前考古发现的世界上唯一保存最久远的木雕工艺品。太阳鸟木雕从上到下都装饰了精美的花纹，木雕上的每一处纹路都刻画得十分精致。详见图 2-2。

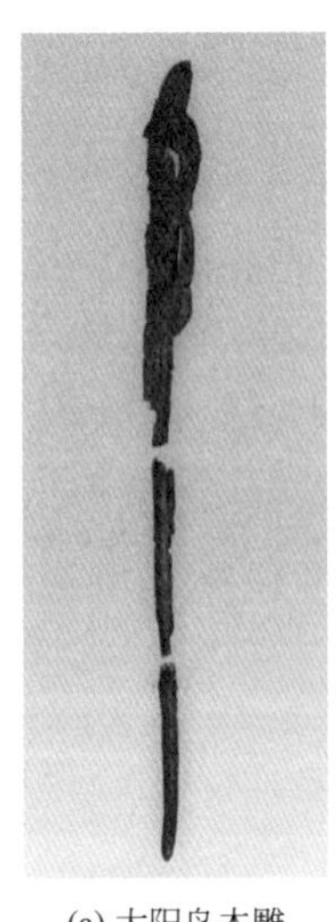
(a) 太阳鸟木雕

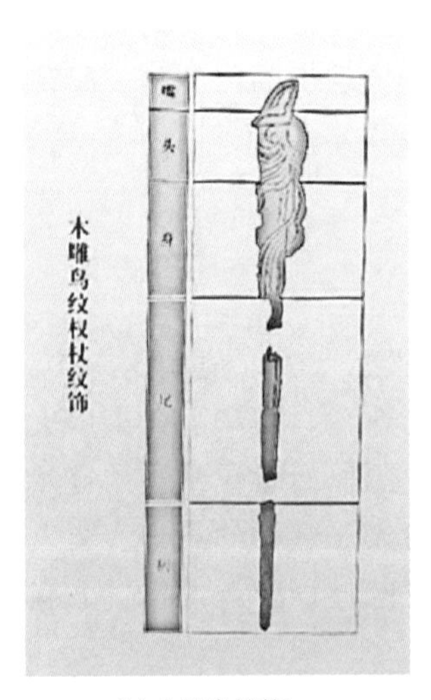

(b) 木雕鸟纹饰

■ 图 2-2　沈阳新乐史前文化太阳鸟木雕　沈阳新乐遗址博物馆藏

■ 图 2-3　木碗　浙江余姚河姆渡遗址

中国目前发现最早的木雕实物是在浙江余姚河姆渡遗址中出土的木鱼，它长 11 厘米，高 3.5 厘米。除去有眼睛和鳃的形象，周围布满了清晰的大小阴刻圆涡纹，表现出鱼鳞和水珠的特征。虽然造型简单，做工较粗，但都已经初步表现了阳线雕与阴线刻的基本技法。浙江余姚河姆渡遗址出土的木碗，口径椭圆，外施朱红漆，是中国最早的木质容器实物。详见图 2-3。

（二）夏商周时期木雕

在商代已出现了包括木雕在内的“六工”。据《周礼·考工记》中记载：“凡攻木之工有七：轮、舆、弓、庐、匠、车、梓。”其中梓为梓人，专做小木作工艺，包括雕刻。农业和手工业的分工，特别是手工业技术的发展使经济繁荣，促进了生产技术的提高。冶炼和铸造技术的发明，为青铜器雕铸准备了条件。青铜工具的出现也自然促进了木雕工艺的发展。夏商时期出土的木雕工艺品多为礼器。此时的雕刻技术已形成固定的模式，即浅雕工艺。例如，湖北龙盘城商代遗址中的漆木棺椁，其周身布满精致的阳刻饕餮纹和云雷纹雕花，与青铜器上的纹样造型毫无差别，是我国早期木雕艺术品中的精品。详见图 2-4、图 2-5。青铜工具的使用，为木构件的装饰和处理创造了便利条件，提高了工作效率和技艺水平。此时在建筑上，视野所及的部位，诸如门、窗、栏杆、梁、柱之类，可能已作雕刻并施彩饰。奴隶主的陵墓是模拟生前居住的场所所修筑的。殷墓椁板上的施彩木雕，便是宫殿装饰的写照。已发现的施彩木雕有虎、饕餮等象征威严权势的图案，其色彩主要为红、白、黑三色。

商周时期是我国木雕艺术发展的一个重要阶段，在逐步发展的过程中也形成了一定的民族特色，该时期遗存的木雕实物不是很丰富，但从出土的青铜器、玉器等器物的雕刻装饰

(a) 青铜器上的饕餮纹

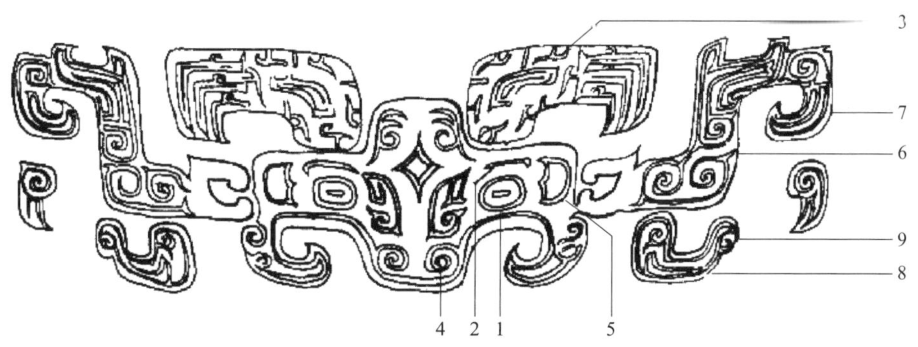

(b) 饕餮纹构成示意图

1—目；2—眉；3—角；4—鼻；5—耳；6—躯干；7—尾；8—腿；9—足

■ 图 2-4　饕餮纹雕刻

(a) 青铜器上的云雷纹　商代

(b) 云雷纹图案

■ 图 2-5　云雷纹雕刻

上，同样可以窥见当时木雕的发展状况。考古出土的西周时期的漆木器一般都是残缺的，没有保存完整的。在西周初期的北京琉璃河燕国墓地发掘出来的木胎豆、觚、罍（léi）等，都有彩绘、嵌饰或雕刻的纹饰。这一时期的装饰虽然没有后世的极尽奢华，但也显示了劳动人民的创造才能和对人类文明的卓越贡献。时至夏商周三代，建筑雕绘之风日盛。考古资料表明，在河南安阳殷墟妇好墓中，考古工作者发现墓上有享堂遗址，且出土有禽鸟石雕的建筑构件。随着社会生产力的发展，加之社会财富集中在统治阶级的手中，使得帝王居住的建筑能够进行奢华的装饰。建筑上的装饰，在原始建筑质朴的泥塑基础上，进一步发展了木雕和石雕。先秦文献中也有许多关于建筑雕镂藻绘的记载。

（三）春秋战国时期木雕

春秋战国时期社会生产力得到较大发展，手工业分工越来越细，铁制工艺的不断进步与发展，促进了雕刻工具的初步完善，为木雕工艺的发展提供了物质基础。此时，木雕行业已经细分为建筑雕刻、家具雕刻、兵车雕刻、战船雕刻、木器雕刻、礼祭造像以及造型生动的人物、动物木雕等不同类型。在春秋战国这样一个充满变革的历史时期，科学技术和手工工艺在各国间相互传播交流，各种新的制作工艺层出不穷。其中最有代表性的人物就是鲁国的鲁班，他发明了曲尺和墨斗等工具，被尊为木工的祖师。这些工具的出现也说明这一时期建筑营造和木构家具制作技术又前进了一大步。鲁班在建筑、车船及雕刻方面做出了重要贡献，受到了各阶层的尊重。有传说，在一次建造宫殿时，手下工匠把做大殿殿柱的珍贵木材截短了，鲁班急得夜不能寐。妻子知道后将鞋底垫厚，头戴发簪花环，站在鲁班面前。鲁班茅塞顿开，遂命人用雕琢的石墩作为柱子基础，又在柱头与梁架之间设计制作了替木，并雕刻花鸟装饰。这样既补了柱子之短，又增添了装饰效果，鲁班不但没有获罪，反得到皇帝的赞赏。这个传说说明当时的建筑已经重视建筑构件的雕饰，手段也非常成熟。从湖北省随州市曾侯乙墓出土的战国早期彩绘漆内棺来看，战国时期木雕工艺已发展到了一个比较繁荣的阶段，各种雕刻技法已经比较成熟。战国时期，楚国木漆器图案的表现手法主要有两种：一种是采用浮雕和透雕，另一种是用漆色画出色彩。在这些木制品中，很多都有表现怪兽、怪鸟的立体雕刻，如虎、豹、鹿、鸳鸯、凤、鸟、蛙、蟒蛇、镇墓兽等动物形象，都是极为写实的木雕装饰。此时的代表作品如彩漆木雕乐器虎座鸟鼓架，它采用圆雕手法，造型夸张生动，体现出我国雕塑艺术朴拙简练的艺术风格。详见图 2-6、图 2-7。

■ 图 2-6　虎座鸟鼓架　圆雕　湖北荆州博物馆藏

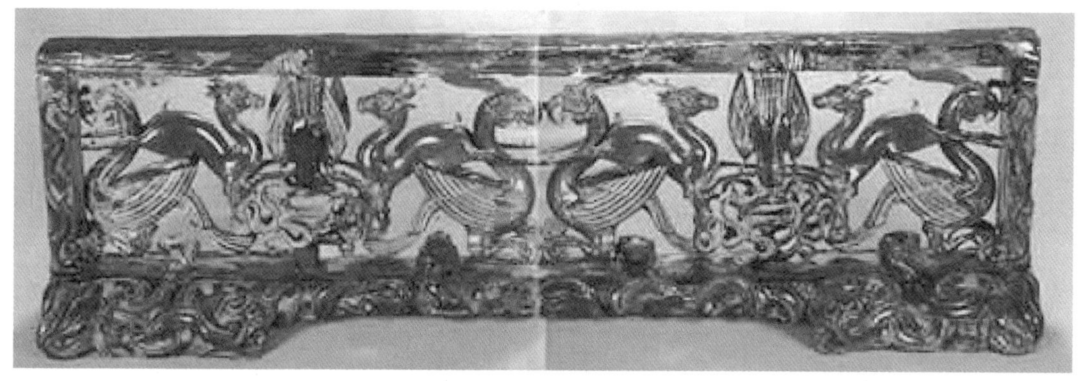

■ 图 2-7　四鹿座屏　镂雕

（四）秦汉时期木雕

秦朝经济发展使得这一时期的雕刻工艺，在沿袭春秋战国时期工艺的基础上，又有较大的发展和提高。如果说，伴随着春秋战国时期漆工艺的发展而产生的立体圆雕工艺，只是一种初步形式的话（因当时立体圆雕的木制品只注重形式，外部还要进行漆加工、彩绘等装饰），到了汉代就发展为既有造型艺术美，又在操作工艺的技法表现上初步形成了独特的木雕艺术风格。秦始皇统一天下后，以咸阳宫阙为核心进行扩建，并仿照六国宫殿的样式吸取各国之长。秦始皇构建的宫室建筑群遍及咸阳内外二百里，共二百七十座。《史记·秦始皇本纪》中记载："始皇以为咸阳人多，先王之宫廷小……乃营作朝宫渭南上林苑中。先作前殿阿房，东西五百步，南北五十丈，上可以坐万人，下可以建五丈旗。周驰为阁道，自殿下直抵南山。"秦代大型建筑多见于史料而少见遗留实物，木雕实物则更是稀少。但是从秦朝兵马俑的精湛制作技术可以推想得出，当时木雕工艺的水平肯定已经相当之高。由此可以看出，当时中国建筑已最大限度地利用了木结构的特点。

汉朝时期的木雕艺术，在中国艺术史上占据着重要的地位，除了继承战国和秦朝的艺术成就外，基本保留了南方楚国浪漫主义的乡土特色。汉代雕刻艺术采用圆雕、浮雕和线刻等手法，使线与面、粗与细、简与繁达到了完美的结合。汉代木雕主要用在俑、动物及车船模型等立体雕刻和椁板的浮雕上。详见图 2-8。从河南出土的大量东汉陶楼明器中可知，当时高层木结构取代了高台建筑，斗拱的形式也在逐渐完善，屋顶形式几乎包含了后世所能见到的基本形式。详见图 2-9。

■ 图 2-8　云气纹黑地彩绘漆棺　西汉　湖南省博物馆藏

(a) 绿釉作坊　东汉　河南三门峡出土

(b) 陶楼　河南博物院藏

■ 图 2-9　陶楼　东汉

（五）魏晋、唐宋时期木雕

佛教的盛行，拉开了中国木雕艺术发展的序幕。在魏晋南北朝时期，佛寺建筑随处可见，佛寺的梁柱、斗拱、廊檐、门窗被精雕细刻，瑰丽无比，佛像的塑造也是神貌兼具，精彩非常。北魏时期随着佛教的传播，匠师们将印度的佛教建筑与中国木构楼阁建筑相融合，创造了“上累金盘、下为重楼”的中国式高塔建筑。

唐宋时期，是中国封建社会发展的高峰，也是中国古代建筑发展成熟的时期，更是中国古典园林的奠基阶段。唐宋时期的木雕工艺在秦汉基础上产生了一个飞跃，达到历史上的新高度，代表了中世纪时的东方文明，对以后的工艺美术发展有着极其深远的影响。在装饰题材方面，花鸟图案在唐代已开始成为木雕工艺的主要题材，而且大都表现得较生动、有朝气，能够表现富有生机的神态。人物、动物的图案也都形象逼真、神态生动，达到了很高的艺术水平。丰满、圆润、华丽、生机盎然、情意隽永的健壮美，是唐代工艺美术的主要特征。唐朝的建筑技术、木建筑设计和施工中已运用较为成熟的模数制。中唐以后，营建住宅园林时不仅运用了空间节奏划分、比例、对比、掩映、借景、对景等江南园林中所用的造园手法，且出现了以动物强化意境、以声激情甚至以温差营造小气候的高超手法。唐代木雕技艺广泛体现在宗教建筑和造像上，以及木俑雕塑上。保存至今的唐代木结构建筑有山西的南禅寺和佛光寺两处。此外，河北正定开元寺钟楼可能是晚唐时的木构建筑。唐代的佛教造像多是阿弥陀佛和观音菩萨。据记载，唐代不少能工巧匠能雕刻檀木雕像，其中有一种檀木制成的小像龛，名为“檀龛宝像”，在唐初十分流行。总体看，唐代的造像肉感明显，丰腴肥硕，仪态温和端庄。在衣着处理上，采取的是“薄衣贴体”的手法。

唐代木雕也用于室内陈设，在案、几、床、铺及乐器等日用品上，处处都饰以雕刻，纹样丰富，非常精美。在装饰题材方面，人物、动物的造型生动传神，达到了很高的艺术水准。花鸟纹样也已经成为木雕的主要题材，而且大都写实生动。另外，龙凤、云纹等在木雕装饰上也十分普及。据说唐代木雕的繁荣与木偶戏的流行也有关系。《明皇杂录》记载，唐明皇曾被李辅国迫迁于西内宫，心情郁闷，写了一首《傀儡吟》。其中的“刻木牵丝作老翁”一句就是描写的牵线木偶。

五代十国是一个短暂的割据时代，但文化艺术仍得到了一定的发展。雕刻方面，其题材和艺术手法基本继承了中、晚唐的余韵，也留下了部分较好的作品。例如苏州虎丘云岩寺塔出土的小型造像。详见图 2-10。

■ 图 2-10　苏州虎丘云岩寺塔出土的小型造像手绘

宋代整个社会的思想意识倾向于世俗化。表现形式开始向现实主义和写实方向发展。表现方法更加现实与通俗化，显示出了当时的时代特征。宋代佛像雕刻中，菩萨形象的塑造成就最高，木菩萨像是宋代寺庙造像中的主要种类之一。例如，山东长清灵岩寺的罗汉造像，据猜测有一部分为宋代的。详见图 2-11。中国国家博物馆藏宋代木雕观音，高 2 米，体量硕大，形体比例准确，全身绫缎，刻画简练，富有轻柔之感，神态端庄，极具美感。详见图 2-12。宋代《营造法式》的编撰使建筑木雕装饰有了固定的格式。梁、斗拱等重要矩形结构构件不仅为当时建筑活动提供了规范，而且为今人研究宋代以前的建筑典章奠定了坚实的基础。越来越多的木雕用于殿堂楼阁和庙宇民居的建筑装饰，使其显得华丽浑厚，雍容富贵。例如，建于北宋天圣年间的山西太原晋祠圣母殿，基本上遵照了《营造法式》的规定。其大殿建筑构件中的曲木、斜撑、悬鱼、角神等的雕刻技法已非常成熟多样，刻画细腻。宋代木雕建筑装饰的代表有四川江油云岩寺、河北正定龙兴寺、江苏玄妙观三清殿。

(a) 灵岩寺罗汉彩塑造像

(b) 罗汉造像手绘

■ 图 2-11　山东长清灵岩寺的罗汉造像

(a) 木雕观音造像　中国国家博物馆藏

(b) 木雕观音造像手绘

■ 图 2-12　宋代木雕观音

宋代木雕工艺小品主要有文房用具、手杖把、尘尾柄、剑鞘等。其纹饰以人物、鸟兽、龙凤等为题材，形状可随器物形制需要而灵活多变。这些工艺小品多使用紫檀木和黄杨木等优质材料，刀凿并用，做工精细。苏州瑞光塔下出土的北宋木雕舍利宝幢是举世罕见的佛教遗物。宝幢由须弥座、经幢、塔刹三部分组成，结合了木雕、描金、玉雕、穿珠及金银等特种工艺，整体气势宏伟，美轮美奂。其上雕刻神仙、狮子、祥云、宝山、大海、如意等形象，各具风采。详见图 2-13。宋代还出现了印染用的木质雕花印版和印刷用的木刻雕版。所制成的印花布、年画等形象生动、图案精美，这从另一方面反映出当时雕刻工艺的繁荣。

■ 图 2-13　北宋木雕舍利宝幢

（六）明清时期木雕

明清时期是中国传统工艺发展的辉煌时期。明代的工艺美术形成了宫廷、民间两大体系。宫廷工艺品是为少数皇权统治者服务的，因此工艺上讲究精细、富贵和严谨；而民间工艺品是由民间创造，供民间使用，因此其风格是朴素、大方，能生动反映民俗风情，具有浓厚的生活气息。明清时期的雕刻艺术已相当成熟。其中，木雕工艺在继承了唐宋雕刻技艺基础上也更加发达。明清时期是传统木结构建筑发展的最后阶段，在历代实践成果的基础上，在建筑形式、构造方式、建筑材料的使用、工艺技术及法式则例等方面，都形成了较为统一的风格。其中，木雕建筑装饰成为这一时期木雕艺术的璀璨明珠。由于历史的原因，我们现在见到的建筑装饰木雕主要是明清两代的遗存。明清两代的建筑装饰木雕与前代相比，题材更为多样，工艺也更为精湛，除了宫殿建筑寺院以外，民间的馆舍、民居、祠堂、寺庙、会馆、门楼、戏台等都是能工巧匠施展木雕技艺的场所，装饰木雕遍及建筑的藻井、梁枋、斗拱、檐柱、门窗等各个角落。无论从技术还是艺术上来看，都已经达到了相当的高度，其中，明清皇家宫殿、寺院建筑与江南园林民居建筑的木雕最有代表性。明清时期还创造出了两种形式：一种是嵌雕组合形式，即将雕刻好的部件用胶粘接在其他浮雕或透雕木构件上，详见图 2-14；另一种是贴雕，即将图案纹样雕好后再组合到建筑构件上，详见图 2-15。贴雕的出现，对内檐的装饰起到了积极的作用，并得到广泛的应用。木雕佛像在明清两代是木雕艺术的一个重要领域，因而存世作品颇多。如泉州开元寺明代甘露戒坛佛群像，有卢舍那佛和千佛莲台、众护法金刚、释迦牟尼佛、阿弥陀佛、千手观音、弥勒佛等。详见图 2-16。河

■ 图 2-14　嵌雕

北承德普宁寺大乘阁内的千手观音菩萨金漆木雕佛像，高 20 多米，是中国现存最大的清代木雕佛像。详见图 2-17。家具装饰木雕到明清时期也达到了艺术顶峰。明代家具造型简洁、质朴，强调家具形体的线条，确立了以“线脚”为主要形式的造型手法，装饰洗练，工艺精致，显得古雅、隽永、大方，实用性很强。清代家具在造型与结构上基本继承了明式家具的传统，木雕装饰开始追求富丽繁复，并且运用了镶嵌工艺。“百工桌，千工床”，就是强调的雕刻之繁琐与精美程度。一张“千工床”，犹如一座亭台楼阁，内部设

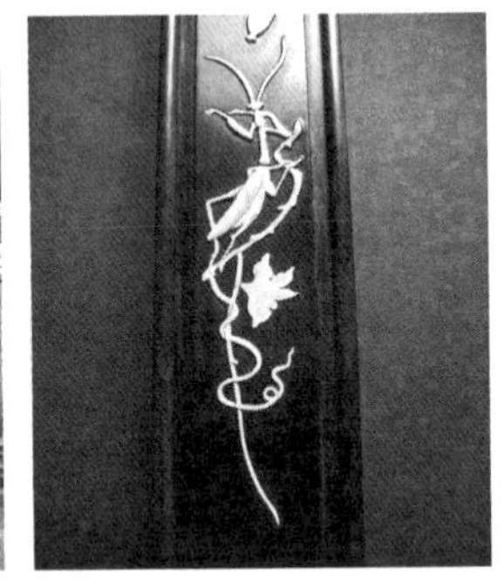

■ 图 2-15 贴雕

■ 图 2-16 泉州开元寺明代甘露戒坛佛群像

(a) 千手观音菩萨金漆木雕佛像

(b) 木雕佛像手绘

■ 图 2-17 河北承德普宁寺大乘阁内的千手观音菩萨金漆木雕佛像

施样样俱全，所有部件都有装饰雕刻。宁波保国寺有一顶清代的花轿，高近 3 米，长近 2 米，宽 1 米有余。轿上装饰的木雕人物多达 300 多个，轿顶四周有重重叠叠的楼台亭榭雕刻，精致繁琐，玲珑美观，并髹金饰银，犹如一座缩小的宫殿，被人称为“花轿之王”。详见图 2-18。

■ 图 2-18　宁波保国寺“花轿之王”

明清家具的雕刻技法以线雕、浮雕、透雕为主，图案形象有龙凤、花草、云纹、如意、福禄寿喜等，应有尽有。详见图 2-19。这些体现着鲜明独特的民族文化特色，也形成了苏式家具、广式家具、京作家具、云南大理石镶嵌家具等地方特色。木雕工艺品中文人用具、案头摆设、笔筒臂搁、八宝锦盒、提盒等也很突出。明代孔谋开创了利用木材天然疤痕进行创作的新领域。他塑造的人物、禽鸟，线条流畅、栩栩如生。明清木雕名家濮仲谦，善因材施艺，雕刻紫檀、乌木器件。近现代木雕家具在继承的基础上有了创新。在实用结构的设计上，既借鉴传统结构，又结合了现代的生活方式。

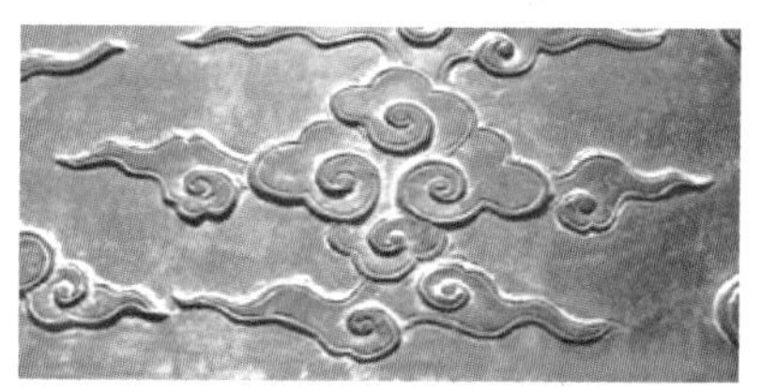

(a) 云纹

(b) 如意纹

(c) 花草纹

■ 图 2-19　纹样图案

第二节 木雕的题材与寓意

木雕作品题材主要包括两个层面，一是装饰中所用的形象，二是通过这些形象所表现出来的寓意，两者相辅相成。传统民居装饰木雕虽然形式上是对客观事物的外部形象描述，但其中蕴含了诸多特定的寓意。中国传统民间艺术题材中，任何形象都是“图必有意，意必吉祥”，这里面渗透着中国人历代传承下来的思想。

一、建筑装饰木雕的题材

中国传统民居建筑木雕的装饰题材丰富多彩，以木头为载体，结合民众的审美理念、道德寄望，以装饰纹饰直接表现。其中，儒家思想是传统建筑木雕中最具教化意义的题材，有丰富寓意的木雕艺术品往往具有教化作用。详见图 2-20。

(a) 山西民居建筑上的木雕

(b) 徽州古民居建筑上的木雕

■ 图 2-20 民居建筑上的木雕

概括地说，传统民居装饰木雕题材主要包括忠孝节义、赞颂生活、祈福纳祥等几个方面，还有民间戏文、人物传说、忠臣烈女、珍禽瑞兽、祥花瑞草、吉祥器物、民俗民风等题材。在中国历史中，许多名著、神话传说以及民俗中表现这些题材的故事都脍炙人口，老百姓喜闻乐见。详见图 2-21。在木雕艺术中，这些题材也是被创作的重点，被作为传承中国传统文化的主要方式之一。如《三国演义》《水浒传》《西游记》《封神演义》等历史名著中的人物关羽、张飞等英雄好汉，传说故事中的观音送子、八仙过海、姜太公钓鱼等经常被刻画。详见图 2-22。山水风景等作品可寄托木雕艺术家对山川草木的情感，还有宣扬尊老爱幼、孝敬父母、爱国忠君的，或祝福老人万寿无疆、生活康乐的……其中传统的吉祥元素是

(a) 表现忠孝节义

(b) 赞颂生活的“满床笏”

(c) 珍禽瑞兽

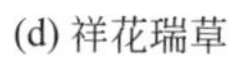

(d) 祥花瑞草

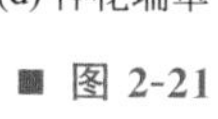

■ 图 2-21

(e) 修松劲竹　山西民居门帘架木雕

(f) 民间戏剧海报　亳州花戏楼

■ 图 2-21　民居建筑中的木雕题材（一）

(a) 桃园结义

(b) 八仙过海

■ 图 2-22　民居建筑中的木雕题材（二）

中华民族不变的追求，是一种普遍的民族文化心理。详见图 2-23。这些常见的木雕题材寄托着人们对美好生活的向往。木雕艺术取材广泛，形式多样，加之木头本身具有的天然气息，木雕艺术是其他艺术形式难以替代的。

(a) 天水伏羲庙槛窗木雕纹样

(b) 文王访贤木雕纹样　清代

■ 图 2-23　民居建筑中的木雕题材（三）

二、木雕的图案种类与寓意

传统民居装饰木雕的图案种类包罗万象，几乎所有的事物都可以成为木雕表现的内容，每一种图案都蕴含着美好的寓意。人物类图案在传统木雕中是应用最多的题材，龙凤的形象是人们最为喜爱的题材。龙凤纹样经常出现在传统木雕上，木雕的内容、制作技术等各方面都与民间生活紧紧地结合在一起，其形象风格各异，造型有的朴实大方、简练稚拙，有的丰富繁琐、气势恢弘。

（一）木雕的图案种类

我们可以将上述木雕常见题材大致归纳为下述几个种类：人物、动物、植物、器物、几何纹、字符纹、风景等，以便于读者学习和理解。

人物：八仙、牛郎织女、福禄寿三星、刘海、济公、麻姑、和合二仙、岳飞、武松、林冲、刘备、关羽、张飞、穆桂英、郭子仪、升平公主，梁山伯与祝英台、农夫、渔民、织女、童子等。

动物：凤、仙鹤、喜鹊、鸳鸯、锦鸡、龙、麒麟、狮子、鹿、象、马、虎、牛、狗、鱼、虫、蝙蝠、蟾蜍、蜘蛛、鼠、蝉等。

植物：松柏、花卉、瓜果、葫芦、松、竹、梅、兰、菊等。

器物：瓶、壶、炉、案、几、椅、凳、文房四宝、佛八宝、道八宝等。

几何纹：六角、八角、圆、回纹等。

字符纹：福、禄、寿、喜、财、宝、人、丁、亚等。

风景：日、月、山、川，以及名胜古迹等。

（二）木雕的吉祥寓意

古建筑雕作多采用象征与比拟的方法来表现一定的内容，也采用具有特定象征意义的动物、植物、器物等形象，各种图案形象要素或者单独或者组合在一起，表现出一定的象征意义。因为图案种类太过丰富，无法在此一一介绍，现将常见形象及其象征的寓意列举如下，以便读者体会中华文化的博大精深。

龙，中华民族的图腾，象征着祥瑞、权力与威信，在人们心中有着至高无上的地位，也是封建帝王的象征。寺庙、宫殿等建筑物的屋脊、门头、门脸、梁枋上常雕有龙头、龙身、龙爪俱全的龙，还有龙头卷草身、龙头回纹身的草龙和拐子龙。详见图 2-24、图 2-25。龙的形象基本特点有“九似”，但是具体像哪种动物是存在争议的。宋代画家董羽认为龙“角似鹿，头似牛，眼似虾，嘴似驴，腹似蛇，鳞似鱼，足似凤，须似人，耳似象”。

(a) 槅扇门上绦环板部位的夔龙纹木雕

(b) 山西太原晋祠水镜台龙纹木雕

(c) 晋祠圣母殿的盘龙柱子

■ 图 2-24　以龙为题材的雕刻

■ 图 2-25　木雕蟠龙匾　清代

龟，与龙、凤、虎并列为四神兽之一，具有神圣与长寿的象征意义。古人一直将龟视为吉祥的象征，龟被视为至高无上的神圣之物，龟图案也成为一种吉祥的图案。殷商时期，将龟图案铸在青铜器上。相传，大禹时，洛河中浮出神龟，背驮“洛书”，献给大禹。详见图 2-26。大禹依此治水成功，遂划天下为九州。又依此定九章大法，治理社会，可见龟这一形象自古就被人们所重视。

■ 图 2-26　龟背驮书雕刻

鱼，自南北朝以后，鱼类图像就较多地出现在建筑构件和居室装饰中。鱼的谐音“余”是人之所盼，有丰裕、爱情、自由、传信等寓意。详见图 2-27。

佛八宝，有法螺、法轮、宝伞、白盖、莲花、宝瓶、金鱼、盘长八种，各个宝物有不同的象征。法螺表示佛音吉祥，遍及世界，是好运常在的象征。法轮表示佛法圆轮，代代相续，是生命不息的象征。宝伞表示覆盖一切，开闭自如，是保护众生的象征。白盖表示遮覆世界，净化宇宙，是解脱贫病的象征。莲花表示神圣纯洁，一尘不染，是拒绝污染的象征。宝瓶表示福智圆满，毫无漏洞，是取得成功的象征。金鱼表示活泼健康，充满活力，是趋吉避邪的象征。盘长表示回贯一切，永无穷尽，是长命百岁的象征。详见图 2-28。清代乾隆时期又将这八种纹饰制成立体造型的陈设品，常与寺庙中的供器一起陈放。

■ 图 2-27　鱼形装饰构件

■ 图 2-28　佛八宝

道八宝，也称暗八仙，以道教中八仙各自所持之物代表各位神仙。扇子代表汉钟离，宝剑代表吕洞宾，葫芦和拐杖代表铁拐李，阴阳板代表曹国舅，花篮代表蓝采和，渔鼓（或道情筒和拂尘）代表张果老，笛子代表韩湘子，荷花代表何仙姑。暗八仙纹始盛于清康熙年间，流行于整个清代。详见图 2-29。

鹿鹤，是长寿的象征。鹿鹤谐音“六合”，民间运用谐音的手法，以“鹿”取“六”之音；“鹤”取“合”之音。“鹿鹤同春”是古代寓意美好的一种纹样，又名“六合同春”，有天下皆春，万物欣欣向荣之

(a) 道八宝纹样图案(局部)

(b) 古建筑上的道八宝　山西晋中常家庄园贵和堂门厅罩

■ 图 2-29　道八宝

意。“春”的意象则取花卉、松树、椿树等来表现。将这些形象组合起来构成“六合同春”吉祥图案。详见图 2-30。

卷草，它是外来纹样与中国传统植物纹样相结合而产生的一种程式化纹样，常作带状边饰之用。

如意，本为挠痒工具，后顶端多刻有心字、云纹、灵芝等形。如意纹，寓意吉祥的一种图案，借喻“称心”“如意”，与“瓶”“戟”“磐”“牡丹”等组合成中国民间广为应用的“平安如意”“吉庆如意”“富贵如意”等吉祥图案。详见图 2-31。

梅兰竹菊，指梅花、兰花、竹子、菊花，它们被人们称为“四君子”，象征品质高洁的人。其品质分别是：梅傲、兰幽、竹坚、菊淡。梅、兰、竹、菊是中国人感物喻志的象征，也是咏物诗和文人画中最常见的题材，正是根源于人们对这种审美人格境界的神往，它们也成为寓意美好的纹样。

喜上眉梢，古人以喜鹊作为喜的象征。《开元天宝遗事》中有“时人之家，闻鹊声皆以为喜兆，故谓喜鹊报喜”。《禽经》中有“灵鹊兆喜”。可见早在唐宋时期即有此风俗，梅花的“梅”与“眉”谐音，喜鹊站在梅花枝梢，即组成了“喜上眉（梅）梢”的吉祥图案。详见图 2-32。

太师少师，是中国传统寓意纹样，在建筑上较常见。狮子有瑞兽之誉，在中国的文化中，有“龙生九子，狮居第五”的传说。一大狮子一小狮子，谐称“太师少师”或“太师少

(a) 六合同春木雕图案

(b) 六合同春木雕作品

■ 图 2-30　鹿鹤纹样木雕

■ 图 2-31　山西民居挂檐上的如意头滴水板

保”。而太师少师、太师少保均为古代官名，古三公中位最尊者为“太师”，是西周就有的官称。“少师”与“少傅”“少保”合称“三少”。少师是春秋时期楚国设立的职位。“狮”与

“师”同音，以“太师少师”为高位的象征，而借音借意以狮为师有官运亨通的意思，一大一小的狮子还表示望子成龙之意。人们借用谐音，用一大一小两只狮子组成太师少师图。一般狮子滚绣球分立门两边。一些抱鼓石上会雕有太师少师，这些图案多为大狮身上站一只小狮子，或一大一小两头狮子在戏耍，此图案寓意去灾祈福、子孙繁盛、财源滚滚。详见图 2-33。狮子还是佛教中的护法兽。宫殿寺庙前一般有一对独立的石狮，在普通住宅大门前，狮子常被雕刻在抱鼓石、拴马石等构件上。传说佛祖释迦牟尼诞生时，一手指天，一手指地，作狮子吼：“天上地下，唯我独尊。”自此狮子形象被逐渐神话，人们认为狮子能避邪护法，从而成为佛法威力的象征。人们认为它可镇百兽始于东汉，此后历代帝王陵墓均延用石狮子护陵，用以辟邪镇墓。

■ 图 2-32 喜上眉梢 学生雕刻作品

■ 图 2-33 太师少师木雕

五福临门，通常由五只蝙蝠组合构成图案。因“蝠”与“福”谐音，所以蝙蝠在我国传统文化中被视为吉祥的动物。常见形式为中心一只蝙蝠，四周各一只，形成主次分明、相互呼应的效果。中心位置可以用“福”字来表示。五福的含义包括：第一福代表“长寿”，第二福代表“富贵”，第三福代表“康宁”，第四福代表“好德”，第五福代表“善终”，这五福可简称“寿富康德善”。因此，雕刻纹样出现蝙蝠数量为五，是象征五福毕至。详见图 2-34。

岁寒三友，指梅、松、竹。宋林景熙《王云梅舍记》中载：“即其居累土为山，种梅百本，与乔松修篁为岁寒友。”对这三种植物品节的歌颂自古有之。梅松竹傲骨迎风，挺霜而立，由冰清玉洁的梅花、常青不老的松树、有君子之风的竹子组成，寓指梅、松、竹经冬不衰，因此有“岁寒三友”之称。详见图 2-35。

鲤跃龙门，传说大禹治水，力劈大山，使黄河之水猛然跌落绝壁形成瀑布。黄河鲤鱼被冲下悬崖，再也无法返回上游。后玉帝下令，凡有鱼跃过悬崖，可化为飞龙。于是，无数鲤鱼聚在瀑布下，偶有一跃而过者，立刻化为飞龙。于是鲤跃龙门比喻中举、升官等飞黄腾达之事，也比喻逆流前进，奋发向上。

(a) 五福临门浮雕

(b) 五福临门透雕

■ 图 2-34　五福临门题材的木雕

■ 图 2-35　岁寒三友图案

神话与人物，有佛教建筑中菩萨、罗汉、金刚、力士等神话故事传说中的形象等。还有墓室中与墓主生前生活相关的情节中的人物。详见图 2-36。

文字，常见于瓦当、门楣上，多为宫室名称、吉祥用语等。如“福禄寿喜”等。详见图 2-37。

■ 图 2-36　徽州民居人物木雕

■ 图 2-37　文字雕刻

第三节 木雕与建筑

木雕及木雕装饰在我国有着十分悠久的历史。木雕装饰图案与建筑物本身有机融合，起装饰作用的同时也象征着主人对美好生活的向往与期待，洋溢着浓郁的民俗气息。建筑木雕艺术分布极其广泛，北方以北京、山西、陕西为代表；南方以浙江东阳和安徽、江西一带的徽州民居以及广东潮州为代表；少数民族中白族、彝族的建筑木雕也很丰富。各地的建筑木雕装饰都具有鲜明的特色和艺术欣赏价值。传统木雕装饰图案古朴淡雅，为古色古香的建筑增添了无限生机。木材作为传统建筑中常用的天然材料，以木雕形式用于建筑装饰，一是在木质构件上刻画，二是作为装饰装配物。木雕工艺是建筑装饰的重要手段，在宫殿、民居、园林、寺庙等各类建筑上，都有精美的木雕装饰。

建筑木雕最有代表性的有皇家宫殿寺院建筑木雕、江南园林民居建筑木雕。明正统九年建造的北京智化寺如来殿叠式藻井，以龙纹为中心，周边雕刻有精美的卷草纹图案，使整个殿堂显得高贵庄重、辉煌灿烂。详见图 2-38。

■ 图 2-38 北京智化寺如来殿叠式藻井

江南园林民居，例如安徽黟县宏村的敬德堂，屋内正厅东西两侧各有六扇莲花门，中间栏板上雕刻有蝙蝠，而且都是五只，有“五福临门、万福万行”之意。东西厢房是主人休息的卧房，厢房窗子上镂空雕刻铜钱图案，窗下栏板上雕刻的万字图案，意为多财多福。详见图 2-39。安徽黟县卢村的志诚堂始建于清道光年间，历时 25 年完成，被称为徽州“第一雕花楼”。详见图 2-40。

佛塔也是中国佛教的建筑形式之一。佛塔建筑的材料与形制有很多种，其中木塔建筑最为精彩。例如辽代的山西佛宫寺释迦塔是九层六檐式的多层楼阁式木塔，是现存世界上最高的木结构建筑物。详见图 2-41。

■ 图 2-39　安徽黟县宏村的敬德堂

■ 图 2-40　安徽黟县卢村的志诚堂

■ 图 2-41　山西应县佛宫寺释迦塔

一、传统木雕工艺

传统木雕工艺分为线雕、浮雕、圆雕、镂空雕及镶嵌雕。圆雕，是一种完全立体的雕刻，有完整的体积，可以从各种角度欣赏，题材多取人物、动物等。镂空雕也称透雕，是将纹饰图案以外的部分去掉，塑造出空间穿透效果的雕刻手法。这种工艺能雕刻具有通透性和空间多变的形象，所雕的纹饰玲珑剔透。镂空雕有单面纹饰雕刻和双面纹饰雕刻两种。这些雕刻手法应用于木雕装饰，形成了多种多样的装饰效果。木雕装饰可用于藻井、梁枋、斗拱、檐柱、门窗、天花、隔断、挂落等。

二、中国传统建筑木雕分类

中国传统建筑木雕分为大木雕刻和小木雕刻。大木雕刻主要是指梁、枋、斗拱等构件上的装饰雕刻。小木雕刻又称细木雕刻，主要是指包括家具在内的建筑细木工花饰雕刻。大木匠将需要雕刻的构件做出粗坯，交给小木作雕刻。小木作即雕花匠师，也称凿花师傅。在构件上雕刻花草人物图案，俗称“凿花”“打花”。凡是雕刻的构件都称为“柴草”“花柴”。

三、不同建筑部位常用的雕刻方法

（一）梁架

梁架一般称为梁枋，是建筑中架设于立柱上的横跨构件。它承受着上部构件及屋面的全部重量。梁架装饰一般采用雕刻和漆绘，这些装饰的主要功能是美化建筑，另外也可彰显主人的身份和等级，将这些部位进行装饰可以减弱人们对粗大笨重的建筑构件的视觉压力，体现出房屋的温馨。梁架的截面多为矩形，也有圆形和方形等形状，这就决定了其上木雕多集中于梁的两端和中央。这一部位的雕刻多采用浮雕和线雕手法。刻线要严谨，刀法要简练，这对刀工要求较高。简单的雕刻装饰只是顺着两端的曲线刻出一道或两道曲线刻纹，如龙须纹、波浪纹和植物花卉等。月梁是用平直的木材加工而成的，其造型弯曲如弯月。详见图 2-42。还有一种月梁则是将弯曲的中央和两肩进行折线处理。这样不仅在力学上增强了梁的承重能力，还打破了直梁的单调感和笨拙感。

■ 图 2-42　月梁

猫梁起稳固瓜柱的作用，因形似直立的猫而得名。其形状卷曲，形态怪异而夸张；有头有尾，线条流畅，富有很强的韵律和装饰性。详见图 2-43。

■ 图 2-43　猫梁

（二）枋

枋是传统建筑中辅助稳定柱与梁的联系构件，有某种承重作用。这类构件有额枋、脊枋、金枋、随梁枋等。明清时期，建筑内檐通柱之间还有跨空枋，用于加强柱与柱之间的联系，另外还有天花枋、承檐枋、关门枋等。额枋是用于建筑物檐柱柱头间的横向联系构件，有大额枋和小额枋之分，两枋之间设置额垫板这类的构件。以额枋为例，其上常采用浮雕、镂空雕、线雕等多种雕刻方法。花板是贴挂于梁下、屋檐下或梁枋之间的一种长长的雕饰木板，没有构件作用，只起到装饰作用。其表现手法融合了浮雕、透雕、线雕等多种技法。详见图 2-44。

(a) 河南开封山陕甘会馆西厢房额枋木雕

(b) 北方民居抬梁式构架建筑枋上雕刻　山西晋祠水镜台枋上木雕

■ 图 2-44　古建筑中的枋

（三）檩

檩是与梁架正交，两端搭于梁柱上且沿建筑面阔方向的水平构件，一般为圆形截面，属古建筑中小式建筑的大木构件。其作用是直接固定、承托屋面椽子，并将其荷重传递给梁柱，也称檩条、檩木。在古代带斗拱的木建筑中，一般称为桁，而在无斗拱的大式或小式建筑中则称为檩。一般房舍都不对脊檩进行雕饰，有一些大型的建筑则有对称的花鸟雕饰。檐檩雕刻面积狭小，内容多为花卉草虫、程式化的吉祥符号等。

（四）柱

柱是传统建筑构架中垂直承受上部重量的构件，建筑构件中屋顶部分的重量都通过立柱传递到地面。考虑到承重，这个部位一般不做雕饰，通常的处理方法是将立柱的上端逐渐缩小，直到顶部变成覆盆状，这称为“收分”或“卷刹”。明清时期一般将上下两端做收分处理，使其形同梭手，因此被称为“梭柱”，有一种柱子悬在半空中，称为垂柱，俗称“垂花柱”。垂花柱的原型是外檐柱，后演变为纯装饰型构件。垂柱被称为“垂花柱”是因为下端多雕饰有各种花果、枝叶、几何造型等，柱头有圆形、方中带圆形、四面体、六面体、八面体等。详见图 2-45。垂花柱雕刻的图案千姿百态，多采用花鸟纹饰、宫灯形、花篮形，还有莲花座等图案，清代则常采用人物、仙道图案雕刻。皇家建筑中的垂花柱上主要雕刻祥龙。有些建筑中的垂花头还被雕成丛花、花篮或走马灯形式，不仅雕刻精细，还饰以色彩。详见图 2-46。

(a) 方形垂花柱

(b) 圆形垂花柱

■ 图 2-45 垂花柱的形式

(a) 山西运城李家大院建筑挂檐上的垂花柱

(b) 福建厦门鼓浪屿种德宫的垂花柱

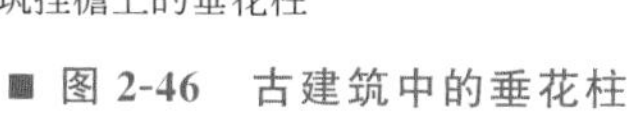

■ 图 2-46 古建筑中的垂花柱

（五）栏杆

栏杆在宋代称勾栏或钩阑，起到围护拦挡的作用，是一种有实用功能的构件。栏杆以横木为栏，竖木为杆。基本造型是在栏杆柱间连以横木，其上部横木称寻杖，下部横木称地栿，两者之间是栏板部分。栏杆分为普通栏杆和朝天栏杆两种。详见图 2-47。普通栏杆多在回廊、戏台、亭子中使用；朝天栏杆则主要在建筑屋面边缘使用。根据栏板部分的样式，栏杆分为栏板式栏杆、镂空花栏杆等。栏板部分是装饰雕刻的主要部位，它可以是实心的木板，也可以是棂条花格，还可以是两者的组合。实心栏板多采用浮雕，题材有花鸟鱼虫、祥云瑞兽、祥瑞宝器、吉祥字符等；棂条花格主要有拐子龙、套方、万字、亚字、井字、盘长等。带靠背的栏杆称鹅颈椅，它在古代主要供闺房中女子凭栏休憩之用，故又称“美人靠”。详见图 2-48。

(a) 普通栏杆

(b) 朝天栏杆

■ 图 2-47　古建筑上的栏杆

■ 图 2-48 山西太原迎泽公园班竹亭鹅颈椅栏杆

（六）挂落

挂落是中国传统建筑中额枋下的一种构件，常用镂空的木格或雕花板做成，也可由细小的木条搭接而成，用作装饰或同时起划分室内空间的作用。挂落在建筑中常为装饰的重点，常做透雕或彩绘。在建筑外廊中，挂落与栏杆从外立面上看位于同一层面，并且纹样相近，有着上下呼应的装饰作用。而从建筑中向外观望，则在屋檐、地面和廊柱组成的景物图框中，挂落有如装饰花边，使图画空阔的上部产生了变化，出现了层次，具有很强的装饰效果。在室内的挂落称挂落飞罩，但不等同于飞罩，挂落飞罩与挂落很接近，只是与柱相连的两端稍向下垂；而飞罩的两端下垂更低，使两柱门形成拱门状。详见图 2-49。

（七）楣子

楣子是用于有廊建筑外侧或游廊柱间上部的一种装修，主要起装饰作用。通常是透空的木雕，使建筑立面层次更为丰富。主要类型有倒挂楣子和坐凳楣子。倒挂楣子安装于檐枋下，楣子下面两端须加透雕的花牙子。坐凳楣子安装于靠近地面部位，楣子上加坐凳板，供人小坐休憩。楣子棂条组成各种不同的花格图案，常用的有步步锦、灯笼框、冰裂纹等。详

(a) 乔家大院承启第知足阁挂落木雕

(b) 乔家大院中宪第门框挂落木雕

(c) 上海豫园戏台额枋下挂落

■ 图 2-49　挂落

见图 2-50。

（八）柁墩

柁墩是指两层梁枋之间用于垫托的木构件，最初是一块扁平的方形垫木，后经过加工成

(a) 山西太原晋祠楣子(一)

(b) 山西太原晋祠楣子(二)

■ 图 2-50　楣子

为梁上雕刻的主要部位之一。柁墩的样式基本上都以矩形为主，有的将柁墩做成盆状，装饰图案也基本一致，大部分都是以一个硕大的荷叶为支撑，两边配以盛开或半开的荷花。当然，也有全是荷叶不配荷花的。古人不放过任何一个可以装饰的细节，连小小的柁墩也要装饰，其上图案有卷草形、荷叶形、元宝形、平盘斗形，以及人物、狮、象等造型，主要采用浮雕的表现手法。详见图 2-51。

(a) 尖山建筑梁架之下的柁墩

■ 图 2-51

(b) 卷棚建筑上狮子形态的柁墩

■ 图 2-51 柁墩

（九）斗拱

斗拱是传统建筑中以榫卯结构交错叠加而成的承托构件，宋代称铺作，清代称科，南方又称牌科。由方形的斗、矩形的拱、斜的昂和横向的枋组成。它是体现传统建筑风格的主要形式之一，是构成中国建筑艺术特征的重要组成部分，同时也作为等级制度的象征和重要建筑的尺度衡量标准。斗拱到明清时期演变成了一种纯粹的装饰构件，层层累叠的造型上雕刻十分繁密丰富，匠师们借助半圆雕、镂空雕以及彩绘等手法对其进行装饰，主要有龙头、凤首、象鼻等形象。例如河南开封山陕甘会馆大殿屋角的斗拱，昂嘴被雕刻成张口龙头，龙眼睛呈卷云状，龙鼻子上翘，简洁美观。详见图 2-52。

(a) 带雕刻45°斜拱的斗拱

(b) 隔架斗拱

(c) 外檐斗拱

■ 图 2-52 古建筑上不同部位的斗拱

（十）雀替

雀替是安置于梁或阑额与柱交接处承托梁枋的木构件，可以缩短梁枋的净跨距离，也用在柱间的挂落下，或者作为纯装饰性构件，在一定程度上，可以增加梁头抗剪能力或减少梁枋间的跨距。宋代称“角替”，清代称“雀替”，一般呈对称形制。明清以来，雀替的雕刻装饰效果日渐突出，有龙、凤、仙鹤、花鸟、花篮、金蟾等各种形式，雕法则有圆雕、浮雕、透雕。明代起雕刻云纹、卷草纹等，清代中期以后，有些雀替还雕刻有龙、禽之类的动物纹。大体上雀替的形式可归纳成大雀替、龙门雀替、雀替、小雀替、通雀替、骑马雀替和花子牙雀替七大类。详见图 2-53。

(a) 北京故宫卷草纹雀替

(b) 山西晋祠龙雀替(一)

(c) 山西晋祠龙雀替(二)

■ 图 2-53　雀替

雀替的里外两面都有雕饰，手法不一，多是浅浮雕、深浮雕及局部的镂空雕。例如浙江兰溪诸葛镇长乐村丞相祠堂檐口雀替，以神话传说《封神榜》为题材，采用半圆雕工艺。详见图 2-54。

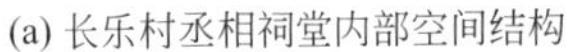

(a) 长乐村丞相祠堂内部空间结构

(b) 长乐村丞相祠堂檐口雀替雕刻

■ 图 2-54　长乐村丞相祠堂檐口雀替

（十一）撑拱

撑拱位于檐柱外侧，是斜向支撑挑檐枋的檐下木构件，又称托座、牛腿。起初撑拱仅仅是一根斜木杆，下端支在立柱上，上端支撑住屋檐，其功能与斗拱相似，所以被称为“撑拱”。后来经逐步加工变成曲线形体，也增加了卷草与枝叶等雕刻纹样。明代撑拱的面积增大，也为雕饰提供了更多的表现空间，几乎任何一个角度都布满了雕刻。其雕刻题材涉及人物、龙凤、狮子、鸟雀、花卉、卷草枝叶、文房四宝、博古云纹等。雕刻技法采用半圆雕、镂空雕、浮雕等多种手法。其形式复杂，精雕细作，逐步失去了其支撑屋檐的功能，而成为建筑中一种纯粹的装饰部分。详见图 2-55。在浙江东阳、安徽皖南的建筑撑拱中，人物与狮子被雕刻得栩栩如生、出神入化。详见图 2-56。

(a) 透雕撑拱

(b) 浮雕撑拱(一)

(c) 浮雕撑拱(二)

■ 图 2-55　古建筑上的撑拱　四川宜宾李庄

（十二）槅扇

槅扇，常指槅扇门，又写作格扇。槅扇由槅心、绦环板、裙板等几个部分组成。槅心是

■ 图 2-56　古建筑上的撑拱　浙江东阳卢宅

独立的一块木板，也是槅扇门的主要装饰部分，位于槅扇门的上部，是槅扇门中最具艺术性的部分。其上雕饰花纹或者图案，采用浮雕、线雕、镂空雕等工艺，刻画出人物、动物、植物、房舍、宝器等画面。镂空的槅心，最晚出现于汉代，在宋代定型。明清时期的槅心图案多达 40 余种，如井字、柳条等。槅心雕刻多以几何纹作为基底图形，显得窗格既美观又具有装饰效果。详见图 2-57。紫禁城内诸多主要宫殿的槅扇门窗，其槅心部分皆是由菱花组成。这是一种由两根或三根木棂条相交并在相交处附加花瓣而呈放射状的菱花图案。二棂相

(a) 民居建筑上的槅扇门

(b) 宫殿建筑上的槅扇门

■ 图 2-57　古建筑的槅扇门

交者称“双交四椀菱花”，详见图 2-58。三棂相交者称“三交六椀菱花”，详见图 2-59。此外，“三交满天星六椀带艾叶菱花”“双交四椀橄榄球纹菱花”等也为常用的装饰图案。绦环板上的装饰内容多为山水风景和花草树木。宋式建筑称“腰华板”，与槅心形成鲜明的艺术对比。绦环板在民居建筑装饰中处于突出的地位，其装饰图案以卷草纹、龙纹和几何图案为多。明清时期的裙板表面，多雕刻或彩绘如意纹、夔龙、团龙、套环、寿字等纹样，宫殿建筑则附贴金彩画。裙板因为低于正常视线水平，所以有的作雕饰，有的不作雕饰。裙板雕刻详见图 2-60。

■ 图 2-58　双交四椀菱花图案

■ 图 2-59　三交六椀菱花图案

(a) 槅扇裙板处的雕刻图案　云南丽江古城李家大院

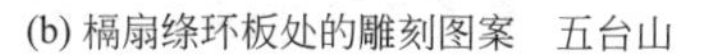

(b) 槅扇绦环板处的雕刻图案　五台山

(c) 槅扇绦环板处的雕刻图案　祁县何家大院

(d) 槅扇门裙板的雕刻图案　五台山

■ 图 2-60　槅扇门木雕

（十三）窗

窗子和门一样，也是民居建筑中的一个重要组成部分。窗子的形式也是非常多样。根据安装的位置分，有槛窗、风窗；根据窗扇开启方式，可分为支摘窗、推窗（支窗）、吊搭窗、推拉窗等；根据窗槅心的样式，又可分为步步锦窗、直方格窗、灯笼锦窗、菱花窗等。槛窗是一种形制比较高级的窗子，与槅扇门一般是同一形制，包括色彩、棂格花纹等，这使得建筑物外立面显得严谨而规整。详见图 2-61。南方民居建筑与山西民居建筑相比，使用槛窗较多。详见图 2-62。在装饰上花窗的装饰雕刻工艺精美，装饰性与艺术性比较强，而其他的窗户在装饰上，只有木棂条有变化，雕刻工艺比较简单。

(a) 五台山寺庙槛窗

(b) 支摘窗

(c) 安徽黟县民居支摘窗雕饰(一)

(d) 安徽黟县民居支摘窗雕饰(二)

■ 图 2-61　不同类型的窗

(a) 古建筑民居的窗　山西晋中常家庄园

(b) 古建筑民居的窗　安徽黟县卢村第一雕花楼

■ 图 2-62　槛窗

（十四）大门

大门的装饰就是俗话说的门楼装饰，能体现整个宅院或古建筑群的格局与等级。木雕挂落是门楼上的第一道装饰景致，雕花门楼集浮雕、透雕、立体雕刻和垂花雕刻于一体。雕刻内容以连续的几何图案和藤蔓植物为主。辅以珍禽瑞兽陪衬，花卉祥云点缀，使整体装饰显得丰富而饱满，具有强烈的视觉冲击力。在院墙大门的装饰上，木雕在表现其装饰功能与体现主人的审美倾向上做足了文章。详见图 2-63。门的顶部有作为板门或槅扇门附属木构件

(a) 古建筑民居的大门　山西襄汾丁村

(b) 古建筑民居的大门　北京

■ 图 2-63　古建筑民居大门

的门簪，早期的作用在于固定和连接，而晚期更多的用以点缀。汉代建筑始见门簪，当时一般为二至三枚，多为方形；唐至元代，“门簪”数量与汉代相同，增加了菱形和长方形做法，并在正面刻有图案；明清时期则通用八角或六角门簪，常有花卉形状的表现。门簪有方形、圆形、六角形、八角形、多瓣形等样式，以图案、文字和图文结合做装饰。图案常见四季花卉图案，文字常见“吉祥”“如意”“福禄”“寿德”等字样，体现了人们对生活的美好希冀。

第四节 木雕的地方特色

中国木雕历史悠久，地域分布极广，流派众多。由于各地的民俗、文化和资源条件不同，取材工艺不同，形成了浓郁的地方特色。北方主要以山西、北京、天津、陕西、河南、河北、山东等地为代表。北方最具代表性的当属北京皇家宫殿建筑和山西晋中民居大院的建筑木雕。南方以江浙、安徽、两湖、福建、两广等地为代表。南方比较典型的代表是江浙和徽州地区，潮州也是建筑装饰木雕比较集中、规模较大的地区。全国来看代表性的有东阳木雕、乐清黄杨木雕、泉州木雕、广东潮州木雕、福建龙眼木雕、北京木雕、台湾木雕、宁波朱金木雕、云南剑川木雕、湖北木雕、曲阜楷木雕、苏州红木雕、上海红木雕、江苏泰州彩绘木雕、山西木雕、山东潍坊红木嵌根雕、上海黄杨木雕、上海白木小件雕、辽宁永陵桦木雕、湖北通山木雕、咸浦邦木雕、天津木雕，等等。这些木雕流派在全国或者当地都极具影响力，而最为著名的是东阳木雕、乐清黄杨木雕、潮州木雕、福建龙眼木雕，被称为“中国四大木雕”。

一、山西木雕

山西古代建筑中的北方民居非常富有特色，引人注目。山西民居建筑中的木雕几乎涉及所有建筑部件，梁柱、斗拱、门窗、挂落、雀替、飞檐、木栏杆以及香案桌、架子床等家具与陈设上随处可见木雕的身影。内容题材有神话故事传说、戏曲人物、亭台楼阁和各种飞禽走兽、花鸟图案等，它们多采用变化复杂的构图，雕工极其精细。雕刻手法上浅浮雕、深浮雕、透雕、圆雕都有。同时将深浮雕与圆雕拼接在一起，可加强深度空间感。

商家建筑木雕装饰主要是表现主人富甲天下、讲究体面的心理。官家建筑木雕装饰主要是表现中国等级制文化，体现统治阶级的威仪。民间的建筑木雕装饰主要是表现人们对幸福生活与功名富贵的向往。官家建筑的木雕装饰以山西阳城皇城相府为代表，这是康熙皇帝的老师、《康熙字典》的总裁官、文渊阁大学士光禄大夫陈廷敬的故居，作为当时朝廷高官和富甲一方的陈氏家族宅第，其建筑装饰的风格具有两面性的特点，其上的雕刻与其他山西商家大院建筑上的木雕艺术风格有所不同。它的风格既表现奢华生活又特别注重礼数。山西最华丽富庶的民居集中在晋中地区的祁县、灵石、太古、平遥等地。有常家庄园、乔家大院、王家大院、渠家大院等，其木雕装饰独具特色。常家庄园遍布木雕装饰，如门楣雕刻为浅浮雕加彩绘，下方雕刻则用透雕手法完成，其题材多为常见的博古器物、人物鸟兽、花卉果蔬。窗户上的雕刻繁简不一，花色也不相同，充分显示了主人的身份地位。详见图 2-64。综合来看，晋中木雕主要题材以荣华富贵、清高儒雅、一举及第、五德俱全等内容为主，采用圆雕、半圆雕、高浮雕、阴线雕、透雕等多种技法。历经岁月洗礼，山西建筑木雕留下的古拙沧桑感，是任何其他一种木雕所不具有的。

(a) 听雨楼抱厦飞罩木雕

(b) 贵和堂二进院过厅雕刻装饰　　(c) 体和堂正房雕刻装饰

■ 图 2-64　晋商民居木雕　山西晋中常家庄园

二、东阳木雕

浙江省东阳市的木雕艺术，有着悠久的历史，为东阳传统民间工艺，东阳素以“雕花之乡”著称。东阳木雕艺术的产生与发展，首先是因为该地盛产适于雕刻的木材，如樟木。东阳木雕因保留原木本色纹理，不施深色重彩，崇尚素雅清淡，被称为“白木雕”或“清水木雕”。保留原有木色纹理，展现一种质朴隽永的魅力。这种素雅纯粹的“布衣文化”与浙江文人雅士清高隐逸的审美情趣相得益彰。

东阳木雕始于唐代，发展于宋代，鼎盛于明清时期，俗称“凿花”“雕花”。至明朝，东阳木雕已广泛应用于建筑和家具的装饰。永乐年间修建的“肃雍堂”是这一时期建筑的代表。堂名出自《诗经・周颂・有瞽》：“喤喤厥声，肃雝（yōng）和鸣。”有肃敬和谐之意。位于吴宁街道的卢宅是雅溪卢氏的聚居之地。卢宅的建筑风格比较独特，在全国的民居中有很高的地位，被称为“南方的故宫”。详见图 2-65。清代东阳木雕已从简洁、粗略发展为繁琐、精细。时至今日，东阳的明代建筑尚存四十余处，清代建筑逾百座。东阳木雕的表现题材有人物、山水、飞禽、走兽、花卉、鱼虫、几何纹等，并且以历史故事、文学戏曲、现实生活、神话传说、吉祥图案为题材的装饰是东阳木雕的特色。东阳木雕的常用技法有浮雕、圆雕、半圆雕、镂空雕、阴雕及施彩、贴花等。选料以香樟木、椴木、黄杨木为主。东阳木雕的精细部分，其手艺之精湛可谓“鬼斧神工”。东阳建筑木雕并没有因为追求朴实实用而失去其艺术性，反而以素雅清秀的风格，欣赏与实用的完美结合，在中国木雕艺术中独树一帜。

(a) 善庆堂柱梁

(b) 轩梁端部灵芝雕刻

(c) 骑凤仙人雕刻

■ 图 2-65　东阳木雕　浙江东阳卢宅

三、黄杨木雕

黄杨木雕是中国民间木雕工艺品之一，主要分布在温州和乐清。因用黄杨木作雕刻用材而得名。黄杨木生长缓慢，直径小，俗有“千年矮”之称，外表不易辨别材质优劣，只能切开断面才能看出好坏，因此只适合雕刻小型作品。黄杨木质地坚韧光洁、纹理细密、色黄温润，具有象牙效果，古朴美观。黄杨木雕的主要表现题材有人物、历史故事、民间传说等，多用圆雕、镂空雕、拼镶等技法。清末黄杨木雕发展成为艺术欣赏品。详见图 2-66。

■ 图 2-66　黄杨木雕“五子喜弥陀”　朱子常

四、潮州木雕

潮州木雕起源于广东潮州，作品表面贴金，是潮州木雕的一个特征，因为漆是一种能使金箔粘附于木上的材料，故又称“金漆木雕”，涂上这种漆同时又起到了防潮、防腐的作用。潮州木雕常见的髹漆形式有四种：一是“黑漆装金”，即以黑色漆料作底子，然后铺上金箔；二是“五彩装金”，此类款式以建筑装饰件为多，以青绿或紫红、粉黄装彩，再以金色烘托，产生金碧辉煌的效果；三是“本色素雕”，即保持木材本色；四是“全面贴金”，这不仅使雕刻作品金碧辉煌，还能防腐抗崩裂。潮州木雕的传统技法主要可分为阴雕、浮雕、圆雕、镂空雕等几种。阴雕的性质近于绘画，多施于围屏，题材为梅、兰、竹、菊。浮雕、圆雕所选题材除佛祖、菩萨、神仙、传统人物之外，神奇异兽和鱼、虾造型也是常被采用的。建筑雕刻一般采用杉木，大件的居多，家居器物多用樟木。雕刻时，艺人工匠们创造出多层次雕刻，一般有五至七层空间，最多可以达到十几层，体现出“多层镂通，玲珑剔透”的南方雕刻风格，极富装饰感。详见图 2-67。

五、福建龙眼木雕

福建省的福州木雕，以龙眼木为材料，又称“龙眼木雕”。龙眼木主要产于福建、厦门、漳州一带，木质坚实，纹理细密，色赭红，老龙眼木的树干，特别是根部，奇形怪状，为雕塑之良材。福建木雕最初以杉木、樟木、楠木等为主要材料。明末清初利用天然树根雕刻，木雕艺人利用龙眼木的根部及其折痕疤节，因势度形，雕成各类人物、鸟兽形象，造型生动稳重，结构优美，既符合解剖原理，又动人、夸张。福州建筑木雕风格独特、工艺精湛。福州的“三坊七巷”民居木雕图案花饰丰富、工艺精细，多饰以人物花草、鸟兽山水。明末清

■ 图 2-67　金漆木雕大神龛　广东省博物馆藏

初，形成了象园、大坂、雁塔三个流派。象园派擅长人物面部雕刻，生动传神，衣纹动感十足，动物雕刻种类丰富，手法简练。大坂派以人物雕刻为主，形神兼备，例如仕女圆润温柔，武将盔甲花饰变化多样，仙佛表情丰富。雁塔派以与漆器建筑结合的雕刻为主，长于透雕、镶嵌等技法。[1] 详见图 2-68。

■ 图 2-68　龙眼木雕弥勒佛坐像　柯世荣

六、徽州木雕

安徽木雕被统称为徽州木雕。徽州木雕以建筑、家具装饰为主，以美轮美奂的大面积雕画著称于世。徽州自古以来重视教育，同时徽商亦闻名于世。徽商积累财富后为光耀门楣，荣耀乡里，返乡后大肆修建祠堂、书院、宅第等。由于等级制度的限制，徽商只能把重点装饰放在雕梁画栋上，因此造就了精美的徽州木雕。雕画的内容，除了真实地反映男耕女织、渔樵耕读的田园生活之外，更多地涉及神话传说、历史故事、古典小说等内容。这些艺术图饰都寄托着主人的美好理想与追求，体现主人的文化品位和身份地位，有着极高的历史、文化和艺术价值，可以说件件皆为佳作。徽州的木雕艺术题材广泛，技艺成熟，是线刻、浮雕、圆雕、透雕的综合应用，选材大多为松、杉、樟、楠、银杏等木材。徽州木雕往往不太看重材质，它所追

[1] 郭发桎. 福州木雕的艺术流派. 东南传播，2006（8）：17-18.

求和刻意表现的是题材内容、雕刻工艺和构图线条的完美，它具有极强的艺术感染力，对周边地区影响很大。详见图 2-69。

■ 图 2-69　胡氏宗祠　安徽绩溪

七、宁波木雕

浙江宁波的朱金木雕，在海内外颇有影响。它的造型古朴生动，刀法浑厚，金彩相间，热烈红火，是一种在木雕上贴金漆朱的木雕艺术。这种艺术效果主要来自漆工的修磨、刮填、彩绘和贴金，所以才有“三分雕，七分漆”的称誉。朱金木雕中，家具装饰特别是婚娶喜事中的床和轿，更具地方特色，表现出一种富丽堂皇的气派，故有“万工轿”“千工床”之誉。宁波金漆木雕床，整体犹如一座亭台楼阁，并且包括床身、床架、梳妆台、马桶箱、点心盒、文具箱等部件。详见图 2-70。

■ 图 2-70　朱金木雕“千工床”

第五节 木雕的材料特性

木雕所使用的材质当然是木材，它是自然界分布较广的材料之一。木材的质地轻，易于加工，天然的纹理花色具有表现力，用于雕刻，有着其他材料无法替代的优势。但是，由于品种与环境的差异，木材特性也有所不同，有的粗硬，有的松软。一般粗硬沉重的难雕，松软的易雕。适合初学者使用的是椴木、银杏木、樟木、松木这类比较疏松的木材。造型结构简单、形象比较抽象的作品比较容易雕刻。但因其木软色弱，有的需要着色处理以加强质感。像水曲柳、松木、冷杉木等木纹变化明显的就可以巧用木纹的肌理，突出木材本身的美感。红木、黄杨木、花梨木、核桃木等木质坚韧、纹理细密、色泽光亮的称之为硬木，具有雕刻的全部优点，是雕刻的上等材料。它们适合雕刻结构复杂的、造型细密的作品，而且在制作和保存时不易断裂受损，有很高的收藏价值，只是雕起来比较费工夫、容易损伤工具。创作木雕作品，应根据不同的题材内容和表现形式，结构位置与形制大小，选择合适的材料。建筑装饰雕刻可选择松木、楸木、杉木等种类；较小型的观赏类雕刻，可选择紫檀、红木、黄杨木等较贵重的木材；挂屏装饰类雕刻，可选择椴木等。常见的木雕材料一般分为硬木与杂木两大类。硬木有紫檀、花梨木、楠木、黄杨木、鸡翅木、铁梨木等。杂木类可以用于雕刻的木材，包括樟木、枫木、椴木、松木、白杨木、白桦木等。

一、木雕主要用材

（一）樟木

樟木是一种樟科植物，也叫香樟，产于中国长江流域以及西南部广大地区，多为高大乔木。樟木的木质纹理交错，结构细密，色泽淡雅匀整，伸缩变形小，切面光滑有光泽，容易加工而耐久，稳定不易变形，胶接性好，可做染色处理，是非硬性木材中最好的一种。樟木树皮呈黄褐色略暗灰，有不规则纵裂纹，木材中心呈红褐色，边材呈灰褐色，年轮明显，有强烈的樟脑香气。

（二）柏木

柏木属柏科，古有“悦柏”之称，有扁柏、侧柏、罗汉柏等多种。我国民间习惯将柏树分为南柏和北柏两类。南柏质地优于北柏，其色橙黄，纹理直，质地细密，材质略重，比较耐水，芯材呈淡黄褐色，有香味。《六书精蕴》云：“万木皆向阳，而柏独西指，盖阴木而有贞德者，故字从白。白者，西方也。”其木性不翘不裂，耐腐蚀，适用于做雕刻板材，是硬木之外较名贵的木材。

（三）榆木

榆木又称“白榆”，产于我国平原地区，分布遍及北方各地。榆木高大坚韧，材幅宽大，芯材呈暗红色，纹理清晰，质地温存优良，且变形率小，硬度与强度适中，若干燥情况不良，易开裂翘曲，与南方的榉木有“北榆南榉”之称。榆木有黄榆和紫榆之分，以黄榆多见。黄榆新剖开时呈淡黄色，随时间变化颜色逐步加深；而紫榆天生黑紫，色重者近似老红木的颜色。如今市场上多收藏白木制品，指的就是明朝的榆木制品和清朝的楠木制品。

（四）榉木

榉木属榆种，产于江浙等地。其木材纹理直，质地坚硬致密，芯材呈红褐色，边材呈黄褐色或浅红褐色，色泽优美，并有美丽的花纹，如山峦重叠，称之为“宝塔纹”。榉木分量很重，与黄花梨木不相上下，故用途很广，也颇为贵重，在明清家具中占有重要位置。榉木主要分黄榉和血榉两种。黄榉是我们常见的一种榉木，分布较为广泛；血榉因其为老龄木材带有赤色故名，又叫红榉，其色深红，很容易与红木混淆，其产量也相对较少。血榉比黄榉分量重一些，硬度也更高一些，但不如黄榉粗大。所以血榉制作的家具以小件为主，橱柜、床案等大件很少见。

（五）椴木

椴木材质轻柔，易干燥，纹理直，结构细密，有绢丝光泽，易于加工，不易裂，但不耐腐蚀。其切面光滑，加工性能良好，是雕刻加工大型装饰的主要材料。

（六）桦木

桦木的木材呈淡褐色至红褐色，所制家具光滑耐磨，花纹明晰。现在常把桦木作为其他家具的芯材，或者用于结构，或者作为镶花材料使用。故宫珍藏的龙椅多是紫檀木制成框架，内嵌桦木板心。

（七）楸木

楸木又称核桃楸、胡桃楸，此木材纹理直，结构略粗，色泽纹饰美丽，软硬强度适中，不易开裂，易于着色上漆。

（八）黄杨木

黄杨木又称“瓜子黄杨”，属黄杨科，常绿灌木或小乔木。黄杨木材质细腻，坚韧致密，色泽淡黄，美丽悦目，木质香气清淡，雅致而不俗艳，但干燥困难。李渔称其有君子之风，将其喻为“木中君子”。黄杨木生长缓慢，很难做雕刻的大料。在李渔的《闲情偶寄》中记有“黄杨每岁一寸，不溢分毫，至闰年反缩一寸，是天限之命也”。因此在建筑雕刻中并不普遍采用，在古典家具中也基本上没有大件黄杨木家具成品，一般只是用来镶嵌点缀。

（九）楠木

楠木气香味苦，多是大料，树直节少，纹理顺而不易变形，千年不腐不蛀，所以名列硬木之外的百木之首，其木质价值也在一些硬木之上，历代用作重要场所的木雕用材。其类别主要有金丝楠、香楠、水楠三种。金丝楠因具有金丝状纹理而得名。其生长周期长，树皮较薄，有深色点状皮孔；内皮与木质相接处有黑色环状层。木质坚硬，不易虫蛀，不易腐蚀，并且光泽很强，剥片时有明显的亮点，即使不上漆，也越用越亮。在中国古代建筑中，金丝楠木一直被视为最理想、最珍贵、最高级的建筑用材。承德避暑山庄的澹泊敬诚殿也是目前首屈一指的楠木宫殿。香楠木微紫而带清香，纹理美观；水楠木，木质较软，多用其制作家具。

（十）紫檀

紫檀也称“青龙木”，为亚热带常绿乔木，主要产于印度、马来西亚、菲律宾等地；我国两广、云南一带也有，但数量不多。“檀”在梵语中是“布施”的意思。因其百毒不侵、万古不朽，又能避邪，故又称“圣檀”，因此人们也常常把它作为吉祥物。早在东汉时期人们就已经认识并使用这种木材，明代家具多用紫檀木。紫檀是最名贵的木材之一，其珍贵的原因主要是材质优异，紫檀在各种硬木中质地最为坚硬细密，无痕疤，抗腐蚀，不裂不翘，木性稳定；揼眼如牛毛，称牛毛纹；其木材的分量也最重，入水即沉；木料有略微的芳香，也是名贵的药材。紫檀木新料切面色调呈鲜红色或橘红色，并且有光泽美丽的圆纹和条纹，久露于空气则呈棕紫色，多数为紫黑色，与犀牛角的色泽相似，有的黑如漆，时间长了，木料会产生绸缎般的角质光泽。紫檀木的生长周期漫长，也很难成材。俗语说：“十支紫檀九支空，百年不如一寸。”现在世界上存有沈檀、香檀、绿檀、紫檀、黑檀、红檀等，而且数量极其有限。据记载，明代朝廷用的紫檀大都在我国南部采办，后因木料不足定期从南洋采购并储存了大量的紫檀木料。因为这种材料过于稀缺，所以紫檀木雕器物留存也最少。

（十一）花梨木

花梨木又称“花榈”“降香黄檀”，半落叶乔木，树木高大，因是治疗高血压的中药，又称“降压木”。我国海南、广东、广西有此树种，但数量不多，大批用料主要靠进口。据《博物要览》记载：“花梨……叶如梨而无实，木色红紫而肌理细腻，可作桌椅、器具、文房诸器。”花梨中有一种叫黄花梨，颜色由浅黄到赤紫，材质坚实，花纹美丽，有香味。其名冠以“黄”字，主要是用来区别现在大量使用的所谓“新花梨”，新花梨也称花梨，材色赤黄，质地较粗，无香味。由于黄花梨纹理漂亮，明代比较考究的家具多为黄花梨木制成。工匠们多进行通体光洁的处理，不做雕饰，以突出纹理的自然美，所以花梨家具华丽无比，是明清家具的首选材料。黄花梨的一个显著特点是花纹面上有鬼脸，以有树结子为最佳，花粗色淡者为次。另一特点是其芯材和边材差异很大。其芯材呈红褐色至深红褐色，或紫红褐色，深浅不匀，常带有黑褐色条纹；其边材呈灰黄褐色或浅黄褐色。黄花梨是工艺雕刻的名贵材料。

（十二）鸡翅木

鸡翅木或称“杞梓木”，属红豆科，其子为红豆，因此还有“相思木”“红豆木”的称呼。我国的鸡翅木主要产于福建、广东、广西、海南等地，其木质纹理秀美呈波浪形，酷似鸡翅而得名。鸡翅木独具特色，产量很少，深受文人雅士和消费者的喜爱。

（十三）铁栗木

铁栗木又称“铁梨木”，古称“铁力木”或“石盐”，多产于印度和我国广东、广西等地，在广东俗称“东京木”，在广西俗称“格木”。铁栗木树干直立高大，高可达 30 多米，直径 3 米有余，质地坚硬，颜色黑红光润，纹理很像鸡翅木，有“硬木之王”之称。古人说“铁力木，出广东，色紫黑，性坚硬而沉重。东莞人多以作屋”。《广西通志》载：“铁力木，一名石盐，一名铁棱，纹理坚致。”因材料巨大，不少大件家具常用铁栗木作材料，有时也用作家具后背、屉板及抽屉内部构件等，是明清时期建筑构件或制作家具的理想材料。

（十四）红木

红木也称红檀，是豆科檀属木材，主要产于印度，我国广东、云南等地也有出产，是常见的名贵硬木。“红木”是江浙及北方流行的名称，广东一带俗称“酸枝木”。其品种和名称多达几十种，如老红木、新红木、香红木等。老红木近似紫檀，但光泽较暗，颜色较淡，质地不紧密，有香味。

（十五）乌木

乌木又称黑檀，产于南亚、东南亚。其材质致密、均匀，坚硬而重，入水不沉，耐磨损。新伐木为乳白色，在空气中逐渐变为淡黄色或灰褐色，芯材呈黑色。乌木的加工难度大，不易干燥，为贵重木材。

二、木雕其他用材

（一）黏合剂

木材有时需拼接以扩大用材面积。拼接工序中，黏合剂是不可少的材料。传统工艺中的黏合剂主要是动物胶，这种胶是提取动物的皮、骨、筋中所含胶原蛋白制成，形状一般为饼状或颗粒状。

黄鱼胶——也叫鱼鳔胶，是黄鱼的鳔经熬制捶打而成的，黏合力强，为硬木黏合剂。

骨胶——用动物骨头熬制成的胶。

牛皮胶——用小牛皮熬制成的胶。

（二）油漆

出于保护和装饰木材的目的，需要在雕刻完成后在表面进行处理，而用漆是表面处理的主要手段。油漆主要分为油脂类漆、天然树脂类漆、酚醛树脂漆、硝基漆和醇酸树脂漆几大类。油脂类漆可单独使用，以具有干燥能力的油类作为成膜物质，涂饰方便，价格低廉，但是干燥慢，质软而不耐打磨、抛光，耐腐蚀性差。油脂类漆主要有清漆、厚漆、调和漆。天然树脂类漆是天然树脂制成，常用的有油基漆、虫胶漆、大漆等。大漆也称天然漆、中国漆，分为熟漆、推光漆、广漆、彩漆。

（三）填充用料

雕刻完成后，需要对木材的不足部分进行修补。常用石粉、砖瓦灰、黄土灰等起填充作用的材料与动物血、动物胶、桐油、清漆等起黏合作用的材料混合调制成“腻子”。

（四）研磨材料

在雕刻结束或饰漆后，要进行研磨抛光。主要材料有砂布、砂纸、木贼草、棕叶、砖瓦灰、浮石。木贼草、棕叶、砖瓦灰、浮石都是涂饰中国大漆的硬木雕刻所用的研磨材料。

（五）抛光材料

抛光材料主要有蜂蜡、石蜡、抛光膏、上光蜡等。

第六节 木雕制作工具与技法

工具是雕刻者从事创作时最直接的助手和伴侣。在木雕的工艺制作过程中，雕刻刀及其辅助工具起到十分重要的作用。看一个人的手艺如何，只需观察一下他的工具便能知晓，而工具的保养修饰，也能证明劳动者素质的高低。在木雕创作中，工具齐备，会磨会用，不仅能提高工作效率，而且在造型上能充分发挥自己的技巧。

一、木雕制作工具

由于各个地区的技法差异，材质差别，题材内容不同，所使用的木雕制作工具都会有所区别。雕刻刀及其辅助工具在木雕的工艺制作过程中起着重要的作用。种类完备的工具，熟练的应用技巧，会使行刀运凿洗练洒脱，清晰流畅，增加作品的艺术表现力。

（一）雕刻刀

雕刻刀的种类有很多，基本分为两大类。一类是用于打粗坯阶段使用的“翁管形”坯刀，俗称“砍大荒”“毛坯刀”，另一类是用于细坯修光的“钻条形”修光刀。

1. 圆刀

圆刀的刀口呈圆弧形，大圆刀有正面和背面之分，正面嵌钢，背面是铁，小的是全钢，规格种类很多。在处理圆形和圆凹痕处时使用圆刀，雕刻传统花卉时它也有很大用处，如花叶、花瓣及花枝干的圆面都需用圆刀适形处理。圆刀横向运刀比较省力，对大的起伏、小的变化都能适应。圆刀的型号大小范围基本在0.5厘米至5厘米之间。做圆雕人物时刀口两角要磨去，呈圆弧形，否则雕衣纹或其他凹痕时，不但推不动，还会破坏凹痕道的两旁。做浮雕时，则应保留刀口两角，并利用其角尖的功能雕刻地子角落处，因此要配备两种圆刀。圆刀还有正反之别，斜面在槽内、刀背呈挺直的为正口圆刀，它吃木比较深，最适合做圆雕，尤其是在出坯和掘坯阶段。斜面在刀背上、槽内呈挺直的为反口圆刀，它吃木比较深，能平缓地走刀或剔地，在浮雕中用途更大。圆刀的形状还可根据需要做成铁杆弯曲形，以便伸进较深的部位挖雕镂洞。

2. 平刀

平刀又称方刀，刀口平直，规格种类多，长度一般在25厘米左右。型号大的也能用来凿刻大型、块面感强的木雕。平刀主要用于劈削铲平木料表面的凹凸，劈、戳和修细，使其平滑无痕。如果运用手法纯熟，会有绘画的笔触效果，刚劲有力又生动自然。使用时用肩膀前部的力量向前推。平刀的锐角能刻线，两刀相交时能剔除刀脚或印刻图案。

3. 斜刀

斜刀的刀口呈45°左右的斜角，除打粗坯阶段外，其他工序都可以使用。主要用于作品的关节角落和镂空狭缝、上下断面分割、衣纹及须发等处。斜刀又分正手斜与反手斜，以适合各个方向的需要。

4. 玉婉刀

玉婉刀的刀口呈圆弧形，是一种介于圆刀与平刀之间的修光用刀，分圆弧和斜弧两种。在平刀与圆刀无法施展时它们可以代替完成。其特点是比较缓和，既不像平刀那么板直，又不像圆刀那么深凹，适合在凹面起伏上使用。

5. 中钢刀

中钢刀的刀口平直，两面都有斜度，也称“印刀”。中钢刀锋口在正中，主要用于镂雕深处和挖洞，使周围保留部分不受震动。中钢刀还用于印刻人物服饰及道具上的图案花纹。

6. 三角刀

三角刀的刀刃呈三角形，左右两侧成锋面。规格种类多，主要用于大的线条、衣纹和须发的雕刻处理。入刀角度大，刻出的线条就粗，反之就细。

（二）木雕的辅助工具

木雕的辅助工具主要有敲锤、木锉、斧子、锯子。木雕敲锤分木制与铁制两种，木制敲锤一般采用木质比较硬的红木、黄杨、檀木、榉木及果树木料等硬木。握柄部位呈圆形略扁一些，大小以握在手中适宜为准。木锉主要是在圆雕的细坯阶段使用，可以代替平刀将雕刻作品处理平整以便修光；也可以代替圆刀或斜刀作镂空处理。木锉还能大面积快速地调整造型结构，并能与雕刻刀结合使用，将人物衣纹的变化处理得生动流畅、虚实有致。斧子是大量砍削木料时使用的，砍削时要注意力度不可过大，也不可直上直下砍，为了避免木料开裂斧刃应与垂直的木纹保持在45°左右。

二、木雕雕刻技法

木雕雕刻技法分为准备工作与雕刻过程两个部分。雕刻过程包括构思、打粗坯、凿细坯、修光、打磨、着色上光等。

（一）材料处理

木材需经过干燥处理，才能进行雕刻。否则，时间久了，木头容易腐朽变形，虫蛀开裂。干燥的方法主要有人工干燥和自然干燥两种。

1. 人工干燥

将木材进行人工干燥的方法有多种，常采用将木材放置在密封的蒸气干燥室内，使木材短时间内达到一定含水率的干燥方法。但经过高温蒸发后的木材木质发脆失去了韧性，容易受到损坏而不利于雕刻。通常将原木干燥的程度保持30%左右的含水率。简易人工干燥法是用火烤干木料内部水分或是用水煮去木料中的树脂成分，然后放在空气中干燥或烘干。这两种方法的干燥时间可能缩短，但浸水后的木材容易变色，有损木质。

2. 自然干燥

自然干燥是利用阳光照射和空气流动使木材干燥的方法。将木材放置于通风处，堆成离地60厘米左右的垛，中间留有空隙，使空气流通。自然干燥一般要经过数年或数月，才能达到一定的干燥要求。

（二）雕刻技法

1. 构思创意

一件木雕作品，在正式动手雕刻之前，需要做一些前期的准备工作，主要是进行构思、选材和备料。在脑海中构思成型之后，将其以物态形式呈现出来，以便于直观地审视所构思的形象，并及时完善。有的先将创意稿绘制出来，只画主要的面及角度，再用墨线勾画到木材上，这种方法针对浮雕和透雕使用（图2-71）。高浮雕则用泥塑来展现构思效果。选材是根据构思确定选用哪种木料。小型雕刻一般不选用多块拼接的做法。材料要先取平再落稿。

(a) 绘制创意线稿

(b) 拓印线稿

■ 图 2-71　绘制拓印雕刻图案

2. 打粗坯

打粗坯是第一道工序也是整个作品的基础，它以简练的手法雕刻大形，初步形成作品的外轮廓与内轮廓，这一环节要使大形具备层次与动势，比例协调、重心稳定、整体感强。打粗坯时还需注意留有余地，不可一步到位。这一阶段主要使用中钢刀、平刀、反口刀。切记应刀口向外，避免“走刀”造成身体伤害。要顺着纹理用刀以免入刀过深使木料开裂。浮雕打粗坯要找出图地关系中的地，图案轮廓外的部分用刀去除，但在深度和轮廓周围要留有余地。要遵循由上到下，由表及里，由浅入深的顺序进行雕刻。详见图 2-72。

(a) 圆雕打坯

(b) 浮雕打坯

■ 图 2-72 打粗坯

3. 凿细坯

凿细坯先从整体着眼，调整比例和各种布局，然后将具体形态逐步落实并成形，要为修光留有余地。这个阶段，作品的体积和线条已趋明朗，因此要求刀法圆熟流畅，要有充分的表现力。详见图 2-73。

(a) 花卉浮雕凿细坯

(b) 文字浮雕凿细坯

■ 图 2-73 凿细坯

4. 修光

修光是运用精雕细刻及薄刀法修去细坯中的刀痕凿垢，使作品表面细致完美。这一阶段要求刀迹清楚细密，或圆滑，或板直，或粗犷，力求把作品意图准确地表现出来。详见图 2-74。

(a) 阳刻浮雕修光

(b) 阴刻浮雕修光

■ 图 2-74 修光

5. 打磨

打磨是根据作品需要，将木雕用粗细不同的木工砂纸搓磨。要求先用粗砂纸，后用细砂纸，要顺着木料的纤维方向打磨，直至理想效果。详见图 2-75。

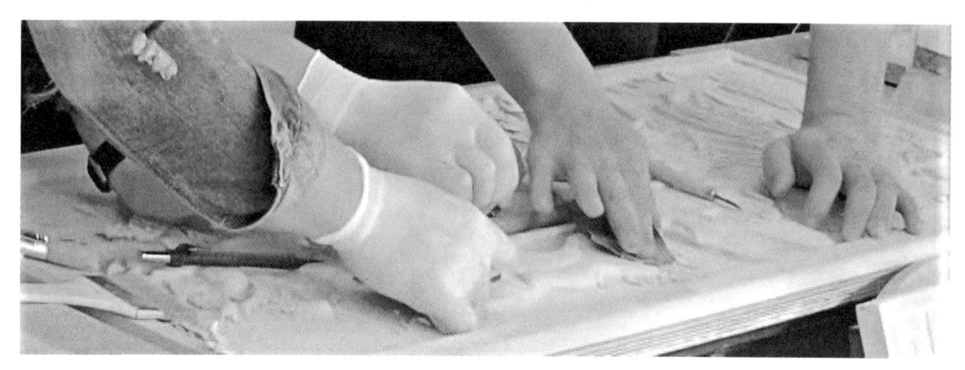

■ 图 2-75　打磨

6. 着色上光

着色不仅可以弥补木质缺陷，还可以丰富美感和表现力。着色的颜料一般是水溶性的，如用栀子、红柴皮做的颜料、生漆等。木雕着色的方法主要是掌握木质和花纹在颜料的覆盖下还依然可见的技巧。有些木纹通过着色更加清晰，所以在调配颜色时不宜过厚，颜料与水的比例是 30：1，浓度要适当稀薄，呈透明状。这样即使多上几遍，木纹也不会被覆盖住。木雕上色后不要马上擦光，一定要等约 12 小时后用一块干净的布使劲擦拭直至产生均匀的光泽，达到手感光滑。详见图 2-76。

■ 图 2-76　着色上光

7. 保养

木雕工艺品不宜长时间放在烈日下暴晒以防止开裂。在很潮湿的环境里，部分木雕工艺品就会发霉。例如绿檀工艺品在潮湿的环境中就会吐出银白色的丝。太干燥的环境，不宜用带水的毛巾擦拭，用含蜡质的或含油脂的纯棉毛巾擦拭为佳。要根据室内干净与否，经常用干棉布或鸡毛掸子将木雕工艺品上的灰尘掸去，以显示其自然之美，如果发现木雕工艺品的光泽不好时，可以用刷子将上光蜡涂于木雕工艺品的表面，再用抹布擦一下抛光即可。当然也可以用纯棉毛巾蘸一些核桃仁油，轻轻地擦在木雕工艺品的表面也可以达到理想的效果。

第七节 木雕的质量验收标准

通常情况下，雕塑应逐件检查。当相同图案的雕塑多于十件或批量生产时，可按总数的 30％抽查，且不少于 3 件。雕塑所使用的材料的品种、规格、质量、色彩、配比必须符合设计要求和国家现行有关材料标准的规定。各种雕塑构件的造型、纹样、色彩必须符合设计图样、模型或样板的要求。雕塑构件的安装必须图样完整，接缝严密，坚固，不得有晃动现象。古建筑雕塑的刀法、风格应符合相应历史时代的要求。木材的材种、含水率、防腐、防虫、防火处理必须符合设计要求。每道雕塑工序完成后应做中间验收，并做好验收记录。

木雕外观质量应符合下列要求。

阴雕：图样清晰、刀法有力、边沿整齐、深浅协调一致，雕地平整光滑。

线雕：图样完整，线条清晰，深浅宽窄一致，刀工精细，边沿整齐，表面平整光滑。

平浮雕：图样线条清晰，凹凸一致，边沿整齐，表面平整光滑，无水波雀斑。

浅浮雕：图样的凸出雕地应小于或等于 5 毫米，图样自然优美，层次分明，台级匀称，线条丰满，表面光滑，边角整齐。无水波雀斑，拼接严密牢固。

深浮雕（高浮雕）：图样的凸出雕地应大于 5 毫米，图样清晰饱满，自然优美，层次多而分明，台级匀称，对称部分应对称，表面平滑无水波雀斑，有较强的立体感，拼接严密牢固，边角整齐无刀痕错印。

透雕：也称镂空雕，在浮雕的基础上，镂空其背景部分，有的为单面雕，有的为双面雕。图样丰满、自然生动，有一定的视野深度，有较强的立体感，表面光滑，棱角处洁净、无刀痕错印，拼接严密牢固。

圆雕（立体雕）：立体造型优美自然，表面光滑丰满，线条流畅和顺，雕刻层次线条分明有序。勾、角、棱处洁净圆滑。

木雕件制作的允许偏差和检验方法应符合表 2-1 的要求。

表 2-1 木雕件制作的允许偏差和检验方法

项目		允许偏差/mm	检验方法
雕件长、宽≤200mm		±4	尺量检查
雕件长、宽＞200mm		±5	尺量检查
雕件厚度		±1	尺量检查
雕件表面翘曲度	当边长≤200mm	1	将雕件平放在检查平台上用楔形塞尺检查
	当边长＞200mm	1.5	将雕件平放在检查平台上用楔形塞尺检查
边角的方正度	当边长≤200mm	1	用方尺和楔形塞尺检查
	当边长＞200mm	1.5	用方尺和楔形塞尺检查

木雕件安装的允许偏差和检验方法应符合表2-2的规定。

表2-2 木雕件安装的允许偏差和检验方法

项目	允许偏差/mm	检验方法
位置偏移	±2	尺量检查
上口平直	2	拉通线和尺量检查
垂直度	1.5	吊线和尺量检查
接缝高低差	0.5	用直尺和楔形塞尺检查

第三章

古建筑砖雕

我国传统砖雕艺术发展历史久远，是古代建筑装饰形式之一。它具有古朴厚重、沉稳静谧的美感。砖的应用与建筑密不可分，它的初步使用是从建筑开始的，作为具有实用功能的建筑材料，同时也是美化建筑外观的装饰材料。

砖雕俗称“硬花活”，也称“砖刻”“砖画”，是我国一种古老的建筑装饰艺术。它是在特制的质地细腻的水磨青砖上雕出山水、花卉、鸟兽、鱼虫、人物等具有吉祥寓意的图案，具有精致细腻、气韵生动、极富书卷气等特点。砖雕主要用于寺庙、佛塔、墓室、房屋等建筑物的壁面装饰。它是随着建筑技术不断进步而产生、发展、繁盛起来的。战国时已有花砖出现，汉代画像砖更是盛极一时，但制作方法多为模印砖雕。唐代花砖在经模印后还施加雕刻。宋时墓室砖雕盛行，雕法逐渐转为多层浮雕法。经历代工匠的不懈创造，砖雕艺术在明清时期达到了巅峰。明清砖雕的表现内容丰富，雕刻技法更精湛，除单层浮雕外，还有多层浮雕、堆砖等技法。民间砖雕为我们留下了丰厚的建筑文化遗产，保存至今的砖雕大多数是明清时期的作品，纹样内容包罗万象，表现手法、技艺手段高妙精湛，具有强烈的地域特色和丰富的文化内涵。在不同的历史时期，呈现出独有的文化风貌。

第一节 砖雕的起源与发展

作为建筑装饰的一部分，砖雕有多种造型形态。尤其是在屋顶部分，如鸱吻、兽头、走兽、套兽以及屋面上的装饰人物、瑞兽等，多用圆雕手法塑造。另外如雕花贴面砖、瓦当，以及出土的大量圹砖和画砖等，几乎都是用窑前雕的方法烧制而成的。与砖雕艺术并生的是瓦当艺术，二者都是泥土经过浴火重生后，焕发出无穷的魅力。瓦当也称“瓦珰”“勾头”，是陶制筒瓦顶端下垂面向建筑物前方的部分。瓦当是用在建筑物檐前的一种建筑构件，具有保护檐椽、美化装饰的作用。瓦当作为宫殿建筑的主要用材之一，具有自己的显著特点。它是我国古代劳动人民艺术创造的结晶，也是古代历史文明的见证。

陕西西安市东郊的半坡村遗址，房屋用木料作柱子和屋顶的骨架，用泥土和一些草相混合抹在墙体和屋顶上。这些房屋距今已有六千多年的历史，当时砖和瓦都还没有出现。但是在全国各地出土的大量文物证明，陶器已经成为当时人们日常的生活用具。陶器的产生及应用实际上为砖、瓦的出现准备了条件。已经发现的实物证明，最迟到西周，房屋上已经有了瓦当。

一、瓦当

（一）西周瓦当

据考证，中国最早的瓦当始于西周，今陕西扶风召陈村遗址建筑群出土了迄今所知最早的瓦当（图 3-1）。西周瓦当均为半圆形（图 3-2），无边轮，有板瓦、筒瓦，还有类似铜器重环纹的半瓦当、人字形断面的脊瓦和圆柱形瓦钉，以素面居多。瓦当古朴稚拙、朴实无华，体现出一种原始的朴素美。西周瓦当的出现，拉开了中国古代瓦当艺术的序幕。

■ 图 3-1　四兽纹半瓦当　西周

■ 图 3-2　半圆瓦当　西周

（二）春秋战国时期瓦当

春秋战国时期社会经济发展迅猛，群雄逐鹿，诸侯国各具特色的文化对瓦当艺术也产生了重要影响，各国所使用的瓦当富有浓厚的地方特色。这一时期是瓦当艺术的第一个繁盛期。春秋战国时期的瓦当制作过程，不同地域间并无太大差异。不过从西周到战国时期，出现了一些不同于模制而成的瓦当，这种瓦当的纹饰是采用阴刻的技法形成的。城市建筑也较多使用了瓦材，瓦当造型与题材出现了质的飞跃。饰有各种纹饰图案的瓦当已经占据了主流地位，但素面瓦当仍被广泛应用。在瓦当形制上，半圆瓦当依然流行，也出现了圆形瓦当。春秋战国时期各种各样精美而又丰富多样的瓦当图案以动物、植物为主，也有以云纹、水波纹、山字纹组合的不同装饰形态。全国范围内，以山东临淄、河北易县、陕西凤翔这三个地区出土的瓦当艺术价值最高。东周时期瓦当艺术也随着建筑的繁荣发展，呈现出丰富多彩的局面，各国都有其独特的风格，具有明显的地域特色。齐国最早使用的瓦当为素面瓦当。战国时期，齐国不仅使用半瓦当，临淄地区还出现了为数不多的圆瓦当，其中有相当一部分圆瓦当当面分成两个图案相同的半圆，齐国瓦当上人物图像较为常见，在其他地域瓦当上很少见。对称的构图形式会使画面显得稳定均衡，缺乏动感。但是这种形式的瓦当在对称中也追求丰富的变化。有相当数量的齐国瓦当的题材取材于现实，包括树木、家畜、飞禽、走兽、太阳、蜥蜴、流云、人物等，还有鹿纹、马纹、牛纹、虎纹、鸟纹、云纹、太阳纹等。树木纹瓦当最为常见，是东周齐国瓦当的一大特点，一般以树木或变形树木为中轴，主题一致而画面各异，有的两侧为双兽、双鸟等，树代表生命力，是齐人尊崇备至、祈福吉祥的纹饰（图 3-3）。动物纹瓦当不仅是当时经济发展和生活习俗的反映，还是人们对远古图腾崇拜意识的表达。动物纹种类繁多，有马、牛、犬、虎、鹿、鹤等，同时用抽象化风格的卷云纹、箭头纹、三角纹、太阳纹、乳丁纹、网格纹等图案进行装点。许多自然形态的龙和兽形象可能来源于原始的图腾崇拜。东周齐国半瓦当中还有一种常见图案是饕餮纹，是古代人民思想中“尊神祀鬼”宗教崇拜的艺术表现。从对称结构上看，齐国瓦当常采用两种对称手法：一是绝对对称的均齐式构图，即同形等量，有完美、庄严、和谐、静止的效果；二是非绝对对称的等形而不等量、对等而不对称的纹饰。这类瓦当几乎不受任何约束，有较强趣味性和运动感。除主要采用对称式组织纹饰外也有少量单独纹样的瓦当。[1] 河北易县燕国下都遗址出土的瓦当基本上都是半圆瓦当，纹样多为植物和动物，筒瓦背上也饰以精致的蝉纹。燕国使用饕餮纹最多，它直接承袭了商周青铜器上的饕餮纹，根据当面半圆规制进行纹饰设计，当面繁褥饱满，纹饰凸凹强烈，有浮雕的效果（图 3-4）。秦都雍城（今陕西凤翔）多为动物纹圆瓦当。

(a) 树木双兽纹半圆瓦当

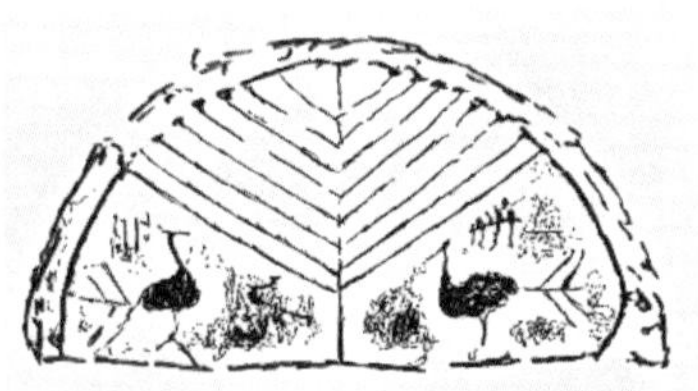
(b) 树木双鸟纹半圆瓦当

(c) 树木骑马纹半圆瓦当

■ 图 3-3　齐国树木双兽纹半圆瓦当

■ 图 3-4　燕国饕餮纹半圆瓦当

（三）秦代时期瓦当

秦统一六国后，历史上遗留下来的秦瓦当数量较多。秦瓦当制作工艺精良，当面纹饰异彩纷呈，在中国古代瓦当发展史上占有极其突出的地位。以云纹、葵纹、网纹为主的瓦当在全国范围内被广泛使用。秦代的瓦当以圆形为多，还有半圆瓦当，以及为数甚少的大半圆瓦当。秦代瓦当均为泥质灰陶模制，瓦当的颜色以青灰色为主，质地细密坚硬。秦瓦当的面径较小，边轮也不太规则，瓦当的背面不够平整。在制作过程中，有着

---

[1] 董雪. 东周齐国瓦当纹饰的艺术特色. 文物世界，2008（2）：36-39.

明显的旋切痕迹。早期的瓦当为半圆形，主要纹饰为兽面纹，盛行动物图案，后来逐渐向卷云纹等其他纹饰发展。秦圆瓦当有素面瓦当和图案瓦当两大类，图案瓦当主要有动物纹瓦当、植物纹瓦当、云纹瓦当等。动物类主要有鹿、豹、鱼、鸟等动物纹（图 3-5）。秦动物纹圆瓦当分为当面无界格线和当面有界格线划分四区间两种，前者约出现在战国早中期，后者出现在战国中晚期。秦植物纹圆瓦当有莲花纹、四叶纹和花苞纹，布局上亦有当面无界格线和当面以双线划分为四区间两种。秦云纹类瓦当形式多变（图 3-6、图 3-7）。葵纹瓦当是由漩涡纹瓦当发展而来的，堪称最具特色的秦瓦当，秦统一六国的同时，葵纹瓦当迅速传播到全国各地，成为秦汉时期占主导地位的瓦当。直至魏晋以后，随着佛教文化的渗透与影响，云纹瓦当才逐渐退出历史舞台。秦始皇陵出土的一件夔龙纹大半圆形瓦当，当面图案由两条造型奇异的夔龙纹组成，具有很高的装饰艺术价值，被誉为“当王”（图 3-8）。秦瓦当突破了西周、春秋时期严格拘谨的几何纹样，展现自然风景和生活形态，体现了一种积极向上的勃然生机。

(a) 马纹瓦当

(b) 双狗纹瓦当摹绘图

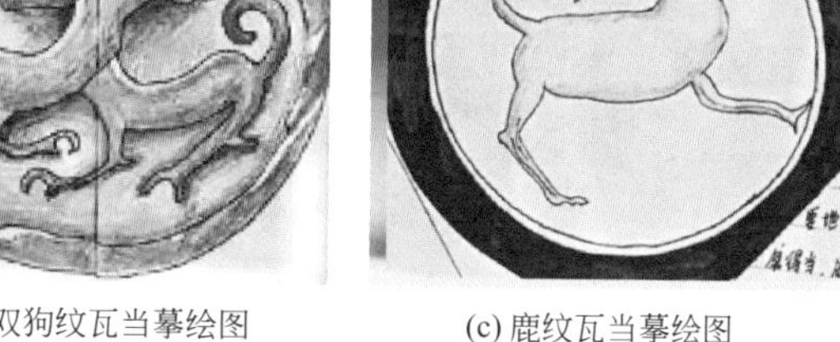

(c) 鹿纹瓦当摹绘图

■ 图 3-5　秦动物纹瓦当

■ 图 3-6　秦云纹瓦当

■ 图 3-7　秦云纹瓦当摹绘图　李化鲜绘

■ 图 3-8　夔龙纹大半圆形瓦当

■ 图 3-9　汉代动物纹瓦当

（四）汉代时期瓦当

汉代是瓦当工艺发展的鼎盛时期。瓦当纹饰在汉代的发展出现空前繁荣。汉代瓦当上的动物纹饰已经形成了固定的样式，主要包括虎纹、龙纹、玄武纹、蟾蜍纹、马纹、兽面纹、鹿纹、鹤纹等（图 3-9）。汉代瓦当动物纹样中出现了前代没有的图案——四神瓦当（图 3-10），即青龙、白虎、朱雀、玄武四种传说中的神兽，四神兽分别与东、西、南、北四个方位相对应，具有镇辟作用。汉代人们更深信四神与天地万物、阴阳五行关系密切，有护佑四方的神力。四神瓦当变得边轮宽厚，庞硕雍容，图案富丽，模印精细，火候均匀，艺术水平极高，堪称瓦当艺术品中的佼佼者。由于这种四神瓦当为王莽九庙专用，后又遭到了刻意的破坏，所以其存世量相当稀少。

(a) 四神瓦当　西汉

(b) 四神瓦当临摹纹样　李化鲜绘

■ 图 3-10　汉代四神瓦当

汉代前期仍继续沿用秦瓦当的形制和纹饰，但在继承秦瓦当的传统基础上又出现了文字瓦当，从而成为当时一大特征。汉代的瓦当基本上分图像纹瓦当、图案纹瓦当和文字瓦当三大类型。这一时期的瓦当做工精细，文字瓦当字体丰富多样，以篆书为最多。篆书又分为鸟虫书、缪篆、芝英体、龟蛇体、飞白体等，隶书较为少见。瓦当上的文字多以线造型，虚实结合，形式完美，别具风格。文字瓦当是图案瓦当的发展，与汉字的演化存在必然联系。文字瓦当主要分为标名类和吉祥语类两大类别，与书法篆刻具有一样的艺术观赏性（图 3-11）。标名类瓦当一般刻印宫殿、官署、陵园的名称，如“宗正宫当”“羽阳千秋”“长陵东当”等。也有用于私人居宅及祠堂建筑物的，如“李”字瓦当，“金”字瓦当等。吉祥语类瓦当是表达人们祈祷吉祥的愿望，如“长乐未央”“永寿无疆”“长乐无极”等。还有带有怀念性的，如“长毋相忘”。瓦当有单字、双字或多字的，四字的最多。还有记事文字瓦当，如“汉并天下”“单于天将”等（图 3-12）。汉代瓦当多为经过了高度艺术夸张的现

■ 图 3-11　汉代篆书文字瓦当　陕西历史博物馆藏

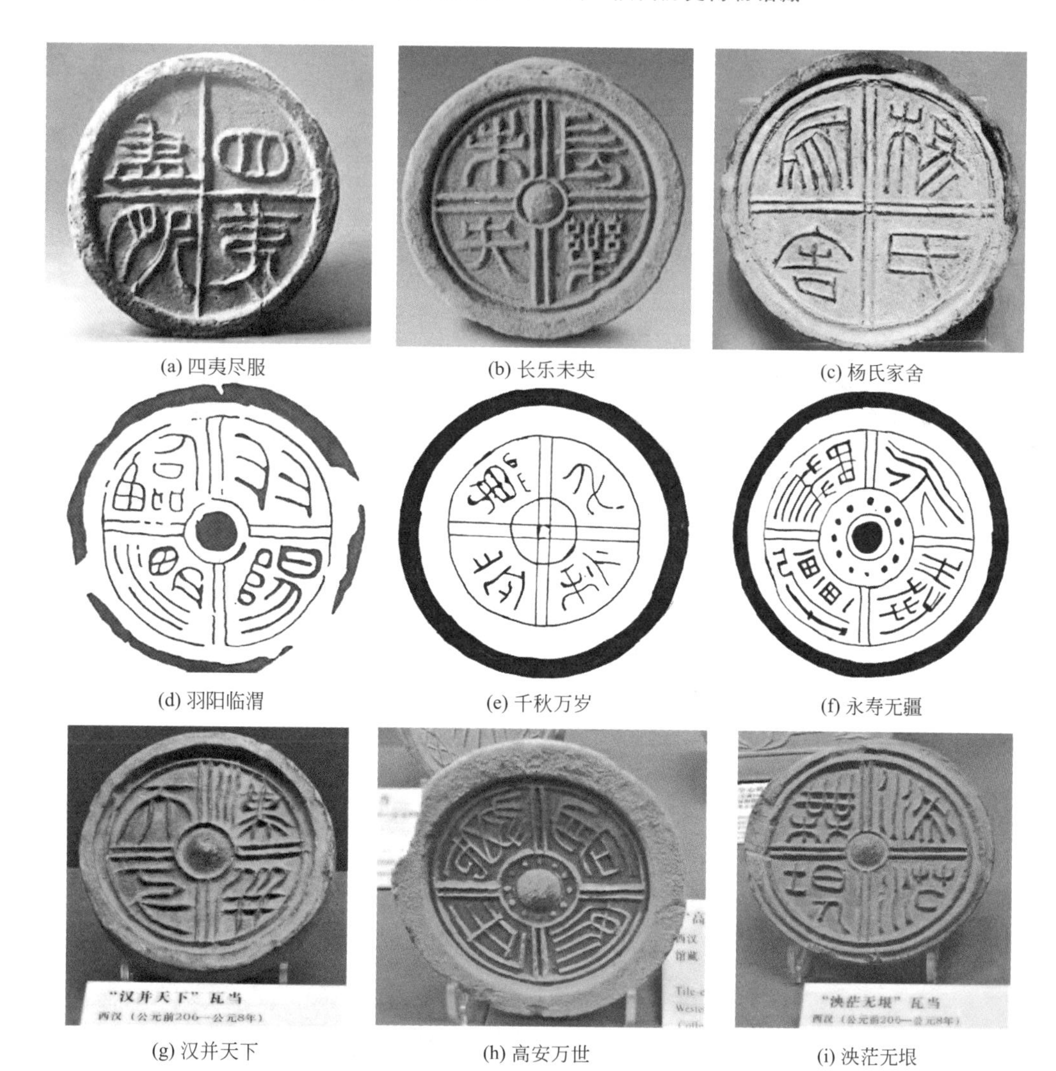

(a) 四夷尽服　(b) 长乐未央　(c) 杨氏家舍

(d) 羽阳临渭　(e) 千秋万岁　(f) 永寿无疆

(g) 汉并天下　(h) 高安万世　(i) 泱茫无垠

■ 图 3-12　汉字瓦当

实图像，借助巧妙的构思和丰富的想象，其线条细腻而不繁琐，将质朴浑厚、自由奔放、气势磅礴的艺术风格表现得淋漓尽致，极富浪漫主义色彩。

（五）魏晋南北朝时期瓦当

魏晋南北朝由于政权更迭频繁，出现南北分治，在文化上出现了明显的南北差异。这一时期中国长期处于封建割据和连绵不断的战争中，直到北魏统一北方迁都洛阳后，社会才恢复相对稳定的状态。文化的发展也受到特别的影响，这一时期玄学、佛教、道教及外来文化互相影响和渗透，使瓦当艺术呈现出新的面貌。这一时期瓦当图案的构成形式与汉代瓦当出现了明显的差异。早期流行使用云纹瓦当，晚期流行莲花纹瓦当，文字类型瓦当越来越少。魏晋时期瓦当为圆形，纹饰以云纹为主，西晋的瓦当在云纹以外有一圈锯齿纹（图 3-13）。从十六国到北朝，瓦当的云纹趋于简化，十六国的瓦当有“大赵万岁”“长山常贵”等，北魏的以“万岁富贵”为多。与汉代文字瓦当的当面以四个扇形等分布局不同，十六国文字瓦当是在凸起的瓦当中心和乳钉两侧设纵线，然后在纵线间和乳钉下各书一字，再在两纵线外乳钉左右各书一字，同时在两侧上下角各做出一个凸出的小乳钉为装饰（图 3-14）。北魏的书体介于楷隶之间，文字以“万岁富贵”为多见。在吉林高句丽遗址中，也发现不少北朝时期的变形云纹和忍冬纹瓦当，其边缘上有一圈模印小字，除纪年、月、日外，还有“保子宜孙”之类的文字。南北朝时因受佛教的影响，除文字纹外，瓦当花纹中出现忍冬纹和莲花纹，并出现兽面瓦当。早期莲花纹瓦当的中央有凸起的圆乳钉状莲实，周围有莲花瓣呈重瓣，形态栩栩如生（图 3-15）。晚期还出现一种图案较抽象的莲花纹瓦当，其花心为莲蓬

(a) 云纹瓦当

(b) 卷云葵纹瓦当

■ 图 3-13　魏晋南北朝瓦当

(a) 大赵万岁

(b) 传祚无穷

■ 图 3-14　十六国文字瓦当

状，多数为单瓣。还有一种莲花化生瓦当，在瓦当中心有一尊半身的裸体化生童子，双手合十，身后有背光，莲瓣周围绕一圈联珠纹，这种瓦当仅在北魏都城遗址中发现过，具有极高的文物价值（图 3-16）。兽面瓦当上的图案呈粗眉巨目，阔嘴龇牙状，威仪毕现（图 3-17）。莲花瓦当和兽面瓦当从北魏开始逐渐代替了秦汉以来盛行的云纹瓦当，成为后来瓦当的主要类型。

■ 图 3-15　南北朝莲花纹瓦当

■ 图 3-16　南北朝莲花化生瓦当

■ 图 3-17　魏晋南北朝兽面瓦当

（六）隋唐时期瓦当

隋唐时期，社会经济空前发展，全国范围内出土的隋唐瓦当纹饰表现出很强的一致性。由于隋代统治时间不长，瓦当的资料相对较少，从出土的隋代瓦当来看，其边轮较宽，边轮内与主题纹饰间多饰一周联珠纹。纹饰以莲花纹为主，莲瓣有复瓣的也有单瓣的，莲瓣饱满鼓凸（图 3-18）。除莲花纹瓦当外，隋代还有兽面纹瓦当和佛像纹瓦当。兽面纹瓦当边轮很宽，边轮与兽面之间有一周联珠纹，兽面鼓出。隋唐文字瓦当愈加少见，只有“长安宝庆寺”一种。唐代瓦当均为圆形，纹饰仍以莲花纹为主，莲花纹无疑是唐朝极为流行的建筑装饰纹样，也有兽面纹（图 3-19）、龙纹、佛像纹瓦当。琉璃瓦当为这一时期新出现的瓦当品类，五彩缤纷的琉璃瓦当不仅可以装饰屋顶，而且具有优良的性能。唐朝时期还有少量的佛像瓦当，与隋朝佛像纹瓦当不同，其佛像周围为一圈联珠纹，其外又有一个联珠纹组成的小龛，制作非常精美（图 3-20）。

(a) 单瓣莲花纹瓦当

(b) 重瓣莲花纹瓦当

■ 图 3-18　隋唐莲花纹瓦当

■ 图 3-19　隋唐兽面纹瓦当

■ 图 3-20　唐朝佛像纹瓦当

（七）宋元、明清时期瓦当

从宋代开始，瓦当的样式整体呈衰退趋势。佛教题材的瓦当锐减，兽面瓦当不断发展一跃成为瓦当主流题材，兽面纹样渐渐取代了莲花纹样成为主要的纹样，并传播到北方的契丹、女真和西夏，并且延续到元明清时期。宋辽时期，瓦当常用龙凤、花草、莲瓣、兽头等纹样，北方地区有龙纹、凤鸟纹，南方地区有飞燕纹等。北宋兽面纹瓦当未发现衔环的。宋代龙纹瓦当龙身周围一般没有云朵或水纹等装饰，花卉纹瓦当通常为荷花纹、菊花纹、牡丹纹。宋元时期的兽面上头颈部长毛非常多，面部比较凸出，纹理也很繁复。宋代以后，受审美等因素的影响，建筑装饰普遍注重追求门窗、槅扇、天花的装修，瓦当作为装饰重点的地位逐渐减弱，当面的面积逐渐缩小，形态基本上都是圆形，多为纹饰瓦当，文字瓦当已经很少见。金代瓦当也以兽面纹为主。明代宫苑官署建筑多用琉璃瓦当，有黄、绿、黑、白等多种颜色，纹饰以龙纹、凤纹以及西番莲等植物纹为主（图 3-21）。明清时期宫殿建筑上用蟠龙纹瓦当（图 3-22）。

(a) 黄色琉璃蟠龙纹瓦当

(b) 绿色琉璃蟠龙纹瓦当

(c) 黄褐色琉璃蟠龙纹瓦当

■ 图 3-21 明代琉璃瓦当

■ 图 3-22 明末清初蟠龙纹琉璃瓦当

二、砖雕

作为中国古建筑最主要的建筑材料之一的砖，承载着每一个时代的故事。它那温润的青灰色彩，坚实沉稳的质地，与雕梁画栋的热烈交相辉映，寂静无言地守望世事沧桑和时光的流转。

（一）商周时期砖雕的应用

砖最初在周代开始被人使用，由此可见，其作为建筑材料具有悠久的历史。这一时期应该是砖雕的雏形阶段。迄今为止，发现最早的印有纹样的砖，是出土于陕西省扶风县晚周遗址的铺地方砖，方砖大多印有双钩方格等纹样（图 3-23）。此地出土的方砖为中国砖类建材起源研究提供了实物依据，此砖是由木质模具压制、烧结而成。烧制砖硬度大，比土坯更耐久，方便加工。砖作为建筑材料，为砖雕艺术的产生奠定了物质基础。

■ 图 3-23　陕西省扶风县晚周遗址的铺地方砖

（二）秦汉时期砖雕的飞跃

我们常说秦砖汉瓦，表明这一时期砖瓦的发展呈现兴盛局面。秦砖，在我国建筑史上久负盛名，它是将富含多种矿物质的骊山沉泥作为烧制原料，烧制后愈加坚固，因此有“铅砖”之称。砖的种类有方砖、条砖、空心砖。空心砖也称“圹砖”“亭长砖”等。空心砖在秦以前大多为素面砖，表面没有刻绘花纹和文字。秦后期不仅出现了有图案纹样的砖，还出现了有叙事情节的画面和书法篆刻的砖。

1. 秦代砖雕

从砖雕的制作来看，秦砖是在模压成形的基础上，用模具加印龙凤纹、云纹、回纹、绳纹、圆形纹、菱形纹等纹样（图 3-24），花样种类非常多。陕西咸阳秦宫遗址出土的龙凤纹空心砖是秦砖中的精品。秦砖的广泛应用，客观上有利于推动砖雕的发展。花砖多用于装饰宫殿和衙舍，如秦宫遗址就有用于台阶的空心砖和铺地面的花纹砖，花纹砖纹样有太阳纹、菱形纹、龙凤纹、方格纹、云纹，为防滚动还出现了锯齿纹的花砖，这些花砖一般采用细线雕的手法。在秦后期，除这些纹样图案外，还出现了宴饮聚会、出游狩猎的纹样（图 3-25）。

(a) 龙纹　　(b) 几何纹

■ 图 3-24　秦砖的各类纹样

2. 汉代画像砖

汉代文化统一，科技发达，两汉为华夏文明的延续和发展做出了巨大的贡献。汉代，砖

■ 图 3-25　带有叙事图案的空心砖

的应用范围扩大，西汉砖墓中，半圆形筒拱结构出现。东汉初年，砖筒拱发展为砖穹窿。拱券除使用条砖外，还使用特制的楔形砖和企口砖。在房屋建筑中，砖多用于台基和墁地（图 3-26）。在墓葬中，表面有模印、彩绘或雕刻图像的砖，就是所谓的画像砖，是汉代最有价值的砖雕类型。画像砖虽然在战国时期就已有生产，但盛行于汉代，它标志着中国砖雕艺术走向了成熟。雕刻手法既有刻模翻制，又有阴线、阳线雕刻，还有浮雕和线刻两者相结合的技法。汉代画像砖分布于今天的河南、四川、江苏、陕西、山东等省。其中以四川、河南一带最为典型。它深刻反映了汉代的社会风情和审美风格。汉代画像砖的题材内容常见的有伏羲女娲、西王母东王公、车楫出行、忠臣烈士、贞女孝子、市井人物、渔猎耕读、建筑园林、树木花草、祥禽瑞兽、文字书法等（图 3-27），其内容包罗万象，是中国美术发展史上的一座里程碑。画像砖的类型从最初不同形状的空心砖（图 3-28），发展为近似正方形和长方形的实心砖。其构图方式从空心砖的一砖多印模，发展为实心砖的一砖一印模，进而发展到由许多模印实心砖块共同拼嵌成一幅完整的画像。四川新繁出土的“二十四字砖”，是迄今所知最早的画像砖（图 3-29）。民国时期在四川省出土现存民间的汉富贵砖（图 3-30），砖文内容为“富贵昌、宜官堂，意气阳、乐未央，长相思、毋相忘，爵禄尊、寿万年”，与重庆博物馆收藏的富贵砖砖文略有不同，两款砖文的第二行后三字有所区别，博物馆藏砖为“宜弟兄”，民间藏砖为“乐未央”。

(a) 汉代三角纹方砖

(b) 汉代菱纹方砖

(c) 汉代千秋万岁砖

■ 图 3-26　汉代方砖

(a) 凤纹空心砖　西汉

(b) 天常天安砖　汉代

(c) 迎客图画像砖　东汉

(d) 轺车卫队图拓本　汉代

(e) 弋射收获图拓本　汉代

(f) 市井图拓本　汉代

(g) 西王母画像砖摹本　汉代

(h) 骑列图拓本　汉代

(i) 布阵图拓本　汉代

(j) 执戈武士图拓本　汉代

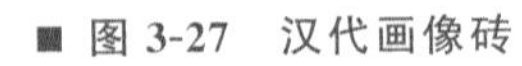
■ 图 3-27　汉代画像砖

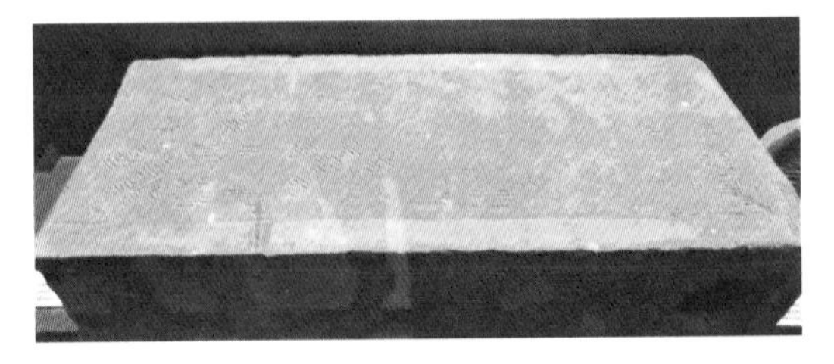
■ 图 3-28　西汉空心花纹砖

■ 图 3-29　二十四字砖

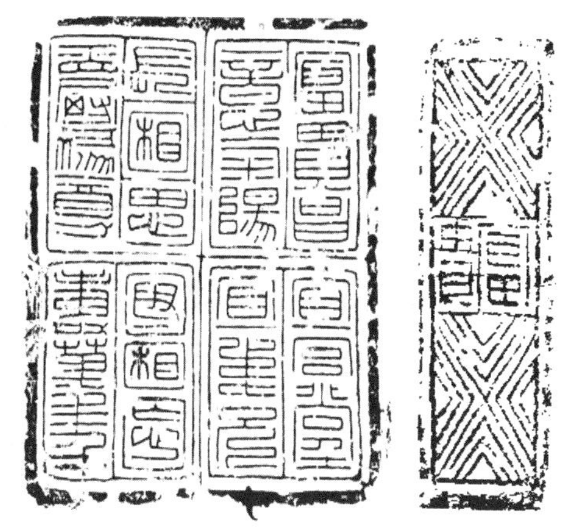

■ 图 3-30　汉富贵砖

3. 魏晋南北朝时期砖雕

魏晋南北朝时期，封建割据、战乱不息，是中国历史上一段社会动荡混乱的时期。与秦汉相比较，墓葬装饰的豪华程度大为逊色。但这一时期的文化艺术却呈现出异彩纷呈的景象，砖雕有了更加广阔的发展空间，画像砖不仅仍然是陵墓流行的装饰手段（图 3-31、图 3-32），砖塔的出现是墓葬建造走向地面的开始。这些带有花纹的贴面砖和画像砖，为后来建筑装饰砖雕的发展奠定了基础，使砖雕有了新的发展空间。砖塔上的砖雕集中在塔基、塔身和塔刹上。从结构上说，塔刹（“刹”来源于梵文，意思为“土田”和“国”，佛教的引申义为“佛国”，所谓是“无塔不刹”。印度的窣堵坡传入后，与中国传统建筑相结合，塔刹成为塔顶攒尖收尾的重要部分）本身就是一座完整的塔。它由刹座、刹身、刹顶和刹杆组成，位于塔的最高处，是塔上最为显著的标记。这种塔上塔的造型，使塔显得更加伟岸挺拔。塔基一般是砖雕最集中的地方，塔身上的砖雕大部分集中在每层塔檐下的仿木斗拱上。东晋时期开始出现由多块砖构成的龙虎图像。南朝初期，出现数十块至上百块模印画像砖拼嵌成的大幅画面，并在画像砖上涂色，这种技

(a) 武士画像砖　河南邓县

(b) 供献画像砖　河南邓县

(c) 仙人乘龙画像砖　河南邓县

(d) 吹笙引凤画像砖　河南邓县

■ 图 3-31　南北朝墓室画像砖

法是受绘画的影响。例如南京西善桥出土的“竹林七贤与荣启期”画像砖（图 3-33）。南北朝砖雕纹饰繁多，还受佛教的影响。

■ 图 3-32　千秋万岁画像砖　河南邓县

(a) 竹林七贤与荣启期画像砖局部人物　山涛和王戎

(b) 竹林七贤与荣启期画像砖局部人物　阮籍

(c) 竹林七贤与荣启期画像砖局部

■ 图 3-33　竹林七贤与荣启期画像砖

4. 隋唐时期砖雕

隋唐两代砖雕技艺更加精湛，构图圆润，造型丰满，更加立体。唐代模印花砖更强调雕刻元素，采用模印后再经过雕刻加工，以强化具有立体感的浮雕效果。唐代砖雕兴起的另一个标志是砖雕从地下墓室走到了地上，随着砖材普遍应用于建筑营造，砖雕更多地被用来装饰建筑物（图 3-34）。以宝相花、莲花、葡萄、忍冬纹为主的花砖用来铺地的做法，盛行于唐代官方建筑中（图 3-35）。砖在唐代不仅用来建房筑塔，也被广泛用于室内装潢，宫阙与普通宫室的区别就在于地面砖的不同。据考证，一般宫室用花砖铺地，而阙则使用贴面砖。

(a) 蔓草麒麟纹方砖　唐

(b) 天宝元年铭文砖　唐

(c) 彩绘兽面纹方砖　唐

(d) 兽面纹方砖　唐

■ 图 3-34　唐代砖雕

■ 图 3-35　唐代铺地莲花纹方砖

5. 宋代砖雕

宋代用砖与前朝相比数量增加。宋代装饰建筑用的砖雕样式，以浮雕和半圆雕为主。在雕刻技法上，比唐代更加细致。中心对称的卷草纹砖雕在宋代出现较多，在素砖或砖雕塔基上涂色，也是当时的一种流行做法。位于河南开封的繁塔，是平面六边形阁楼式砖塔，塔身镶嵌有几十种佛像砖雕，是宋代砖雕艺术的杰作。

受社会文化习俗的影响，宋代的墓葬雕塑在制作上处于低潮阶段，墓俑减少。但作为墓室装饰的砖雕艺术却有了突出的成就。北宋时形成砖雕墓室壁面装饰，宋代墓室砖雕是以砖模仿木构件，多为浮雕，或半圆雕的人物，镶在四周墓壁上。宋墓的砖雕在北方各地相当普遍，雕刻题材多数是反映现实生活的，除河南外，山西、甘肃、宁夏等地也有出土。现发掘的北宋墓室，三面墙壁均以砖雕贴砌而成。墓室内的砖雕数量、质量以及所选用的题材，都取决于墓室主人的社会地位。常见的题材有墓室主人夫妇对坐、男仆托盘、侍女执壶等，这些图案再现了墓室主人生前的生活情景。最值得关注的是那些雕画结合的浮雕作品，宋杂剧中的角色形象出现较多。1955 年河南禹县白沙宋墓出土的戏剧人物砖雕即为典型代表（图 3-36）。其中一墓在墓室砖壁上雕有墓主人夫妇的浮雕像，所有的桌椅器物也都和人物一并雕出，并凸出墙面，而背后的侍从人物和帷幕等背景陪衬，则是用绘画表现。这样既增加真实感也有了明显的空间主次区别，使得主体更为突出。还有妇人半启门，探身窥视的形象，是宋代砖雕中常见的表现世俗生活的题材之一。

(a) 白沙宋墓一号墓后室西北壁辅作上的小辅作

(b) 白沙宋墓杂剧人物(一)

(c) 白沙宋墓杂剧人物(二)

■ 图 3-36　白沙宋墓出土的戏剧人物砖雕

6. 辽金元时期砖雕

佛教对辽代的文化有着极为深远的影响，中国现存辽塔数量较多，辽代砖塔多为密檐式。墓葬中亦出现砖雕装饰。位于吉林省农安县的辽塔，至今已有近千年的历史。古塔为八角十三层，实心密檐式结构，塔身由不同形状的青砖、平瓦、筒瓦、猫头瓦和水文瓦等砌成，是长城以北少有的辽金时期的文物，也是我国最北的古塔（图 3-37）。在修缮过程中，曾出土释迦牟尼佛祖和观音菩萨塑像、瓷香炉等珍贵文物。山西省灵丘县觉山寺塔，始建于北魏孝文帝太和七年，后倾圮，重建于辽大安六年，共十三层，塔基分三层，下为八角形须弥座，塔身呈锥形，逐级向内收缩，檐下有砖雕斗拱，完全仿木结构形制，古朴苍劲（图 3-38～图 3-40）。

■ 图 3-37　吉林农安辽塔

■ 图 3-38　山西灵丘觉山寺塔

■ 图 3-39　觉山寺塔砖雕　仿木结构

(a) 觉山寺塔砖雕　角神

(b) 觉山寺塔砖雕　兽头

■ 图 3-40　山西觉山寺塔砖雕

金朝是我国历史上的一个重要阶段，是中国北方一个强大的政权。在亡大辽灭北宋，入主中原后，金统治者推行休养生息政策，社会稳定、经济繁荣，为文化艺术的发展提供了政治、经济条件。金代文艺之繁盛远盛于前朝。宋金时期仿木结构砖雕壁画墓是我国古墓葬的一种主要类型，其中的砖雕是对古代画像砖与壁画艺术的继承和发展。金代墓室砖雕的内容更加丰富，技艺也有所提高。砖雕上的杂剧、戏曲人物是该时期最具代表性的内容之一，具有很高的历史、艺术、科学价值（图 3-41）。金代建筑工匠以汉族为主，建筑保存唐后期的特点。墓室砖雕人物表现出了外来游牧民族的彪悍气质，金代的砖雕艺术也达到了一定的水平。山西地处金国腹地，戏曲艺术发达，大量出土的金代戏曲砖雕，向世人展示了那个时代的繁华。山西晋南地区金代墓葬以素砖雕刻为特色。代表性墓葬有山西侯马董氏墓（图 3-42、图 3-43）和稷山金墓的墓室砖雕（图 3-44），它们多采用高浮雕，内容包括墓主、侍仆、孝悌故事、武士以及花卉、禽兽等，造型粗犷洗练，构图饱满，代表了金代砖雕的最高水平。

■ 图 3-41　山西新绛社火表演砖雕　金代

(a) 山西侯马董氏墓砖雕局部　金代

(b) 山西侯马董氏墓戏台及杂剧俑　金代　山西博物院藏

■ 图 3-42　山西侯马董氏墓内部砖雕　金代

(a) 山西侯马晋光制药厂出土砖雕墓北壁与东西两壁　金代晚期

(b) 山西侯马晋光制药厂出土砖雕墓主人与杂剧人物雕刻　金代晚期

■ 图 3-43　山西侯马董氏墓墓室砖雕　山西博物院藏

(a) 顶部砖雕

(b) 仿木结构砖雕

(c) 人物砖雕

■ 图 3-44　山西稷山金墓内部砖雕

7. 元明清时期砖雕

元代，作为建筑构件的砖雕异军突起，戏曲的发展对砖雕的内容产生重要影响，戏曲、乐器表演成为常见的题材内容。山西侯马出土的赵姓砖室墓，墓壁用砖砌出间隔，各雕有牡丹花朵，枝叶茂密，其结构富有多种变化，手法豪放，具有很强的装饰性。而更引人注目的是墓门内左右两壁砖雕窗棂上部有用高浮雕技法雕刻的乐舞二人，特别自然、生动，其形式内容有些类似前蜀王墓棺石座上雕刻的乐舞装饰。而且这一处的砖雕，雕刻技法也纯熟精巧，是元代人物雕刻中较出色的制作（图 3-45）。

(a) 方响俑 (b) 舞蹈俑

(c) 吹笙俑 (d) 腰鼓俑

■ 图 3-45 山西侯马元代砖雕

明清时期，是砖雕发展的鼎盛时期，已经完全流行于民间，被应用到各种类型的建筑。砖雕技法有线刻、浅浮雕、高浮雕、圆雕、透雕等。除单层浮雕外，还有多层浮雕、堆砖等表现手法。纹样主要有神祇人物、山水花草、祥禽瑞兽、博古器物、典故传说、纹样字符等内容（图 3-46）。

(a) 植物花卉砖雕 (b) 龙纹砖雕

■ 图 3-46 山西良户村收集的砖雕

明初，砖雕只在高等级大型建筑中出现，是等级身份的象征（图 3-47）。明中期砖雕开始在民间建筑中盛行，平民百姓家也可以使用砖雕对居所进行装饰，这促使砖雕装饰艺术得到空前发展。内容题材出现了普通百姓喜闻乐见的，具有深刻寓意的图案，这一时期的砖雕是表达人们对生活美好期许的精彩作品。明代砖雕总体呈现清丽质朴的特点，通常采用浮雕或一层浅圆雕来刻画形象。

(a) 琉璃力士脊饰　明代　山西博物院藏

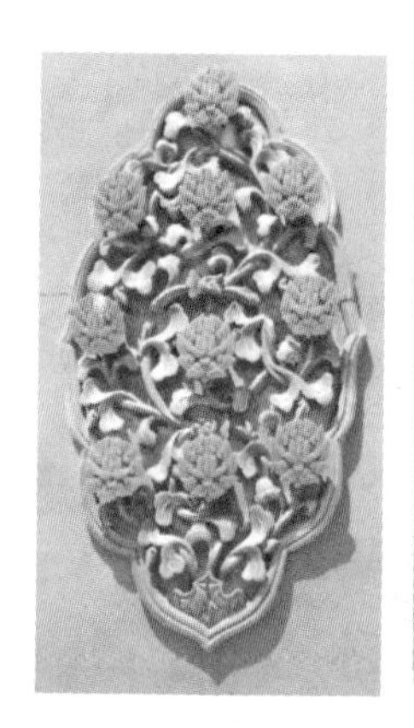

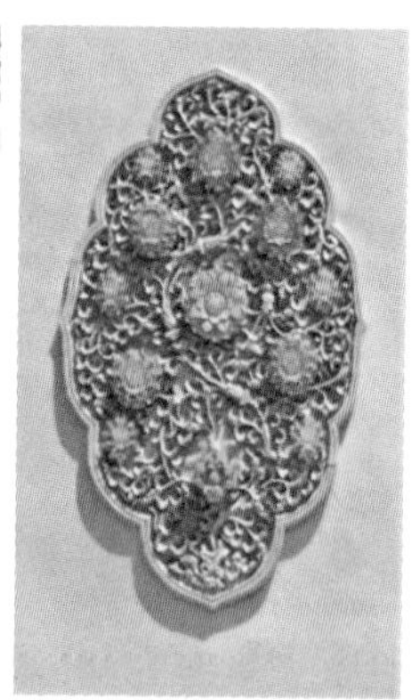

(b) 琉璃砖雕　故宫博物院藏

■ 图 3-47　琉璃砖雕

清代砖雕相对于明代，具有更加繁复富丽的特色，商业的繁荣发展是形成这一特色的重要原因。徽商、晋商宅院的雕刻是有力的证明。到清代中叶，砖雕艺术受西方外来文化的影响，使这类建筑装饰更加华丽精致。清晚期，砖雕艺术达到了巅峰。受其他雕刻艺术和建筑彩画的影响，砖雕工艺精细入微，达到极致。这一时期的砖雕被广泛应用在门罩、墀头、廊心墙、影壁、门楼、院墙、正脊、漏窗及屋顶烟囱等构件中，其表现内容与题材也更丰富（图 3-48）。清代砖雕更注重情节和构图，利用多种雕刻技艺，而且讲求对空间通透性的处理。不同的建筑部位，雕刻不同花样的图案，以表达不同的象征意义，使砖雕在不同的建筑部位都得到了充分的应用（图 3-49）。

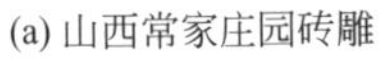
(a) 山西常家庄园砖雕　　(b) 山西祁县乔家大院砖雕

■ 图 3-48　清晚期砖雕

8. 民国时期砖雕

民国初期，砖雕艺术在形式、工艺上仍传承明清时期的风格，砖雕装饰在传统民居上仍然十分盛行。但在砖雕的应用中却难以突破明清时期的巅峰水平。随着时代的发展变革和西方思想文化的冲击，中国传统的民居建筑设计理念发生了改变，砖雕艺术的应用空间逐渐萎缩，一点点走向衰落。民国时期砖雕出现了中西结合的混搭风格（图 3-50）。浙江湖州南浔镇的张石铭故居、湖南凤凰古城史家弄 16 号崇德堂等就是民国砖雕特色的典范。

■ 图 3-49　渠家大院砖雕

■ 图 3-50　上海朱家角邮局　罗森拍摄

第二节　砖雕的地方特色

我国地域辽阔，民俗民风异彩纷呈，因此，全国各地的砖雕装饰亦是各具特色，风格明显。由于地域间存在经济贸易等交流活动，砖雕在保有自身特色的基础上，也会出现相互借鉴与融合。总体来看，我国砖雕可分为南北两大派系，南方以苏州、徽州影响最大，其风格空透灵巧，造型精致，注重层次；北方砖雕以山西为代表，风格以淳朴浑厚、工艺纯熟、豪放洗练等为主要特征。地域性的砖雕以北京、天津、山西、河南、安徽、苏州、广东、甘肃、台湾等地最为著名。

一、北京砖雕

北京由于它的政治地位特殊性，也使其建筑有明显区别于其他地域的风格特点。大量皇家建筑中的砖雕选料上乘，工艺精湛。皇亲国戚、文武大臣等的府邸也要进行大量雕刻，因此对砖雕的需求量很大。在砖瓦使用上，是上施琉璃彩瓦，下铺金砖。民居建筑砖雕装饰的重点部位是门头，因为大门是房主社会与经济地位的标志，被视为一家人的“脸面”。另外，在房脊、垂脊、戗檐、勾头、滴水等处都做砖雕装饰。北京砖雕题材中，龙凤题材是比较特殊的，最有名的是故宫的琉璃九龙壁。其他题材内容有神话传说、博古花鸟、文字祝语、线条纹样等。花卉植物题材主要刻绘梅花、松柏、荷花、兰花。北京砖雕的构图，可谓不厌其“繁”，追求丰富的层次感（图 3-51）。

■ 图 3-51　北京恭王府砖雕

二、天津砖雕

天津砖雕以刻工精良著称，风格完整美观、庄重大方，具有浓郁的地方特色。清初期，天津经济的飞速发展，许多官宦与富贾人家兴建豪宅，促进了天津砖雕业的发展。天津砖雕的构图繁复，圆雕、浮雕并用，体现了工匠们高超的技艺。在天津老城博物馆可以看到天津砖雕的风采（图 3-52）。天津古建筑中，现存保护较好的砖雕建筑有清真大寺、广东会馆和杨柳青民居。杨柳青民居的砖雕“丹凤朝阳”“鹤环仙阁”非常有特色，其构图借鉴了杨柳青年画。八角凸雕——八卦图案仅见于天津砖雕。现存比较好的天津古建筑砖雕题材可分为：吉祥图案、亭台楼阁、神话故事、民间传说、世俗生活、花鸟走兽、博古婴戏、古典小说、文字图案等类别（图 3-53）。

(a) 天津老城博物馆大门

(b) 天津老城博物馆花卉砖雕

■ 图 3-52　天津老城博物馆及砖雕　秦旭峰提供

(a) 菊花纹砖雕

(b) 牡丹纹砖雕

(c) 凤纹砖雕

■ 图 3-53　天津砖雕纹样　秦旭峰拍摄

砖雕在天津被称为“刻砖”，砖雕艺人被称为“刻花活儿的”。天津著名的砖雕艺人有马顺清父子和“刻砖刘”——刘凤鸣。马顺清砖雕作品的特点是圆厚朴实、气势雄浑、主次分明。他发明的“贴砖法”，即在砖面上加贴一小块砖，以扩大空间，使作品有更强的层次感，增强了作品的层次和空间感。技法上采用线刻、透雕与高浮雕多种手段相结合的技法，然后粘连拼合。马顺清的儿子马少德、马少清，外孙刘恩甫、刘凤鸣，徒弟穆成林、何宝田等人，在传承他的衣钵的同时，也对他发明的贴砖法进行了发展，独创了具有天津地域文化特色的砖雕艺术。

三、山西砖雕

山西民居砖雕，具有丰富的文化内涵，表达了人们对生活的美好祝愿，在金代便已取得辉煌成就（图 3-54、图 3-55）。山西砖雕是北方砖雕的发源地，以晋中地区晋商建筑的砖雕艺术最为典型。砖雕在民居中的大量运用又与晋商的崛起密切相关。山西民间砖雕是山西最为重要、最具代表价值的民间艺术门类，其与南方的徽州砖雕一起被誉为南北砖雕双雄。经济富裕后的晋商荣归故里，光耀门楣，极尽能事地扩大建房规模和雕刻装饰，使得原来只用在宫廷、庙宇等建筑之上的砖雕进入民居。在山西榆次的常家庄园，祁县的乔家大院、渠家大院，平遥古城，灵石县的王家大院，襄汾丁村古村落等，砖雕随处可见，精彩非常。山西大院的建筑装饰雕刻，可以让人感受到宗教人士的仙风道骨，文人士大夫的高洁雅静，民间生活的烟火气息。山西砖雕构图浑朴厚重、密而有形，雕刻工艺纯熟。其题材广泛多样，突出反映福、禄、寿、喜、财等传统民俗祈愿。砖雕装饰大都采用民间喜闻乐见的形式，用借代、隐喻、比拟、谐音等手法传达吉祥寓意，表达人们对生命价值的关注、对家族兴旺的企盼、对富裕美满生活的向往、对社会地位的追求。山西砖雕艺术特点恢宏大气，刀刻线条粗犷明晰，内容相对简明独特。山西民居砖雕雕刻主要分布在屋脊、屋檐、门脸、影壁、屏头、烟囱、女儿墙顶等构件上。每一座大院建筑都承载着许多的故事与希冀，它们附着在建筑的每一个角落之上（图 3-56）。

■ 图 3-54　山西新绛墓室砖雕　金代

■ 图 3-55　山西稷山出土的砖雕俑　金代

■ 图 3-56　山西砖雕纹样　王家大院　罗森拍摄

■ 图 3-57　河南登封嵩岳寺塔

四、河南砖雕

河南的砖雕艺术主要体现在佛塔建筑方面。从唐代开始，砖石塔成为主流，外观上大多模仿楼阁塔，用砖石作柱、梁、枋、斗拱、窗棂、屋檐等木构建筑的构件。

河南登封嵩岳寺塔（图 3-57），是我国现存年代最早的砖塔，也是国内唯一的一座十二边形平面塔。这座砖塔运用了砖雕技艺中的“堆砌”手法。

修定寺始建于北魏时期，名天城寺。东魏高澄改为城山寺，北齐高洋改为合水寺，建此宝塔。北周武帝灭齐毁寺，隋文帝修理寺院，改名修定寺。唐代武德七年寺又省废，贞观年间重修，后来一直被认为是唐代所建，所以当地俗称“唐塔”（图 3-58）[1]。因门楣上镌刻着三世佛，故又名“三生宝塔”。修定寺塔是一座单层砖砌浮雕

(a) 河南安阳修定寺塔概貌

(b) 修定寺塔大门细部雕刻

(c) 修定寺塔塔身细部雕刻

(d) 修定寺塔猛兽形象雕刻

(e) 修定寺塔菱纹武士雕刻

■ 图 3-58　河南安阳修定寺塔

[1] 李裕群. 安阳修定寺塔丛考. 中国建筑史论汇刊，2012（1）：176-194.

方塔，通高20米左右。塔基平面呈八角形，下为束腰须弥座。塔身残高9.5米，塔身四面均为8.25米宽，四外壁用菱形、矩形、三角形等不同形制的浮雕砖2188块嵌砌而成，图案多达72种，共计300多平方米。图案有佛像、弟子、菩萨、天王、力士、武士、侍女、飞天、伎乐、青龙、白虎、猛狮、大象、天马、巨蟒、花卉、彩带等题材❶。从总体看，该塔呈橘红色，古朴而又不失秀丽。塔刹为红、黄、绿三彩琉璃构件，映日则光彩夺目。

开封繁塔，建于北宋初年是六角形楼阁式仿木青砖建筑，原为六角形楼阁式仿木结构砖塔，元代时倒塌一年，明代因“铲王气”而只留下三层塔身。塔身上加建了六角形小塔和砖制塔刹，形成了类似编钟的特殊外形。自此清代人有“浮屠三级真幽怪”的诗句。传说很早以前此地居住过姓繁的人家，所以人们称这个高台为繁台。塔建在繁台上，故称繁塔（图3-59）。繁塔周身内外嵌雕佛砖，每块砖为一个凹圆形佛龛，龛中雕刻结跏趺坐佛像一尊。还有菩萨砖、罗汉砖、乐伎砖。佛龛数量近7000块，造形一百多种，形象生动，各具情态，是宋代砖雕制作技艺的杰出代表。❷ “三经”刻石四周均饰有莲瓣开花图案，技法精妙，线条顿挫婉转、苍劲利落，毫无雕刻凿痕，如同模制一般，表现出宋人极高的雕刻技巧。

(a) 河南开封繁塔概貌

(b) 繁塔塔身细部雕刻

■ 图3-59　河南开封繁塔

开封铁塔，是一座比繁塔年代稍晚的砖塔，平面呈等边八角形，高13层，现存地面以上塔高54.66米。❸ 历经岁月剥蚀，原本28种褐色的琉璃砖变为深褐色，远观似铁铸就，从元代起民间称其为“铁塔”，此地宋代曾建有开宝寺，又称“开宝寺塔”，并有“天下第一塔”的美称（图3-60）。铁塔有很高的科学技术价值，建造者吸取了其前身木塔遭雷击烧毁的经验教训，选用绝缘的、不导电的琉璃砖材，避免了被雷击焚毁的可能。塔门的设计也是独具匠心，不用半圆形的券门，而采用上尖下方的圭形门，用五层云纹砖逐层收压，其外观像佛龛，而更为坚固。遍布塔身的浮雕，是开封铁塔的一绝。主要题材有塔上最精

■ 图3-60　河南开封铁塔

❶ 杨宝顺、孙德宣.安阳修定寺唐塔.河南文博通讯，1979（3）：42-46.

❷ 魏千志·繁塔春秋·河南大学学报（社会科学版），1978（5）：73-81.

❸ 开封市博物馆.开封铁塔.中原文物，1977（2）：16-18.

彩的佛像、弟子、力士等人物形象，宝相花、海石榴花、牡丹花、芍药花等花卉，造型威猛的龙和麒麟等动物。分布在塔各部位的琉璃造型砖有80余种，都是按照铁塔上的需要专门烧制的。比如檐部的装饰构件嫔伽（人头鸟身像）、麒麟、套兽、勾头饰团纹龙、腰檐莲瓣砖（上平下弧外饰璎珞花纹），圭形门云纹砖（向门心处为半弧形，外饰流云纹），佛龛砖，平作勾栏花砖等。

五、徽州民居砖雕

经商成功后的徽州大贾争相修建精致的宅院，随着专业要求的提高，雕砖工从原来的一般砌墙工中分离出来，他们被称为“凿花匠”或“花活匠”。相传徽派砖雕由明代窑匠鲍四首创。

安徽徽州（今安徽歙县）的砖雕，历史悠久，雕刻精致，独具一格，闻名中外。徽式砖雕，为南派砖雕的代表之一。至今还保存在明、清时的古建筑民宅、祠堂、大厅、寺庙、书院和民居中，以率真质朴为突出的地域特色，采用模制砖坯烧制加刻制的手段加工制作而成。早期的徽州砖雕简单粗犷，以阴刻和浅浮雕（压地隐起）为主，内容单纯，人物样式雷同。明中叶以后，其技法成熟，增加了阳刻、深浮雕、圆雕、减地平雕、镂空雕等，用线简练、挺拔、粗放刚劲。清代出现了粘砖法，风格追求繁琐纤巧。徽州建筑多用青灰色的屋脊和屋顶，雪白的粉墙，水磨青砖构筑的门罩、门楼和飞檐等，门槛和屋脚皆用青石或麻石，有的建筑也用水磨青砖平铺，而后用圆头铆钉固定在木质门板的表面。像这样的整体建筑，将砖雕装嵌其中，显得十分协调。徽州砖雕的图案有山水、花鸟、人物、走兽、戏出、八宝、博古、几何图形、文字和吉祥纹饰等，可谓无所不包，达到了图必有意，意必吉祥的境界（图3-61）。

徽州砖雕广泛应用在门楼、门套、门楣、屋檐、屋顶、柱础、屋瓴等处，使建筑物典雅、庄重，富有立体效果。“门罩迷藻棁，照壁变雕墙”是徽州砖雕应用的真实写照。砖雕是明清以来兴起的徽派传统民居建筑艺术的重要组成部分（图3-62）。

徽州砖雕装饰重点应用在门楼、门罩上，式样和牌坊很相似，造型多样，有垂花门楼、字匾门楼、四柱牌楼等数种（图3-63），发展到清初出现了装饰比较华丽的门罩。除了具有一种装饰美外，还有挡住墙面上方流下的雨水，避免门上方墙体受潮的功能。祠堂、寺庙、民居的门楼会被砌成牌坊楼式。其中额枋通景图往上是最精彩的部分，额枋通景图就像一幅引人遐想的山水画，通常需要五至七块水磨青砖拼成，内容通常以人物为主，还有山水名胜、钟鼎博古、瓜果花卉等，运用浅浮雕、高浮雕、半圆雕和镂空雕的技法，增强距离感、层次感。现藏安徽博物院的“百子图”为额枋通景图，是徽州砖雕中的上乘作品。徽州建筑的照壁中心位置常设有圆形或方形的独幅砖雕，内容多为花鸟瑞兽等吉祥图案。屋脊上设有脊兽、套兽等。

方框、元宝也是门楼、门罩一组中的两个配件，均是一块整砖雕刻而成的（图3-64）。通常一副门罩上有两个，或者四个，或者八个为一套。每个都是一幅独立画面，表现题材以人物为主，也有动物和花鸟题材的，它的位置在门罩上也是很重要的。

雀替、榫饰、悬柱头饰一般也是用整砖制作而成，是门楼门罩上的配件，造型根据门罩的需要而设计。表现内容以祥云、动物、花卉、花篮为主，常以八宝纹、万字纹、绶带纹、联珠纹等纹样来装饰串联整体画面。

(a) 门楼局部雕刻

(b) 门头雕刻

■ 图 3-61　徽州砖雕

花边类图案纹样在门罩中使用比较多，因为它可以增加整个门罩的层次感，通常运用浮雕手法较多，也有很多使用镂空雕雕刻的花边组成二方连续，配置在檐口下方额枋通景图四周。虽然在整体图案中处于陪衬地位，但是它的作用不可小觑，门罩因它的存在而显得更加灵动活跃。

砖雕漏窗有六角形、万字形、铜钱形、长八角形、梅花形等（图 3-65）。还有的用透雕手法塑造形象，题材多取吉祥动植物，运用造园艺术中穿插、渗透、曲折变化和“借景”的手法。

徽州民居照壁上的砖雕装饰特点是中心内容为吉祥花卉、灵禽瑞兽、戏剧人物、文字吉语等题材，如六合同春、五福捧寿、富贵牡丹等，多为圆形或长方形的独幅砖雕画面。屋脊上装有正吻、屋脊兽、角戗饰、套兽等，是为了镇四方刀剑袭击和风霜雨雪灾害，祈求神灵保佑宇内平安。

■ 图 3-62　徽州砖雕　罗森拍摄

■ 图 3-63　徽州砖雕门楼　安徽西递　罗森拍摄

■ 图 3-64　安徽西递村砖雕方框元宝

(a) 叶形漏窗

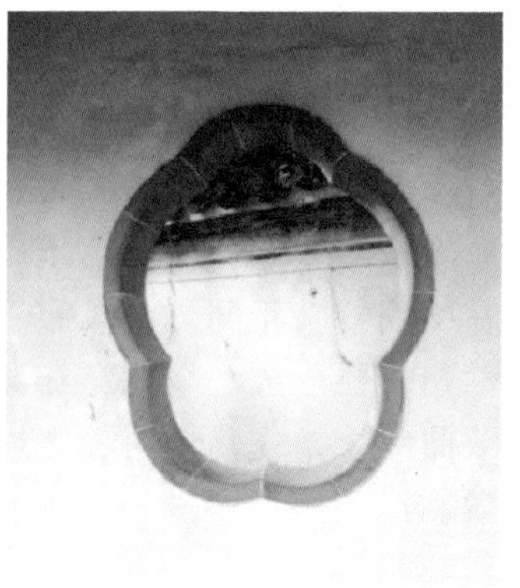

(b) 梅形漏窗

(c) 石榴形漏窗

(d) 桃子形漏窗

(e) 葫芦形漏窗

(f) 透雕漏窗

(g) 几何纹漏窗

(h) 格纹漏窗

■ 图 3-65　安徽赛金花故居漏窗

六、苏州砖雕

苏州砖雕俗称“做细清水砖”，砖要求用大窑货，大窑出的砖色泽白亮，小窑出的砖则发青而硬，不够美观。苏州砖雕的制作方法是先将砖刨光，加以雕刻，然后打磨，砌砖时有空隙则用油灰填补，这样可以保持色泽的统一。苏州砖雕主要用来装饰建筑物的外观或内部的门楼、墙门、垛头（北方称墀头）、月洞等处。苏州园林门楼的代表作是被称为“古典园

■ 图 3-66　网师园万卷堂砖雕门楼

林第一门楼”的网师园万卷堂砖雕门楼（图 3-66）。苏州砖雕的历史非常悠久，至明代嘉靖年间，已经具有很高的工艺水平。其风格秀丽清新，细致生动。苏州北郊陆慕镇设有御窑，烧制出的方砖，因质地坚硬，敲击有清脆的金属之声，亦因其练泥精细，密度大，所以又叫“坚砖”，在明朝嘉靖年间，已具有一定水平，清代称其为“金砖”。苏州砖雕形成了自己精细典雅的装饰风格，内容多取材于戏曲故事、花鸟走兽、吉祥图案和书法等，应用透雕、浮雕和线刻等技法进行雕刻。

七、临夏砖雕

临夏砖雕也称河州砖雕，因临夏古称河州而得名。临夏砖雕艺术起源于北宋，成熟于明清时期。明清两代是临夏砖雕的兴盛时期，建于明末清初的清真北寺门前的“龙凤呈祥”影壁高 6 米，堪称临夏砖雕的精品。采用三联式的布局，依次为“丹凤朝阳”“墨龙三显”“采凤望月”，三幅画面雕刻在一整块壁面上，寓意龙凤呈祥、盛世太平。临夏砖雕是西北地区极富特色的少数民族艺术品，既有观赏价值，又有生活情趣。临夏砖雕广泛应用于寺庙、园林和民居建筑中，可装饰影壁、障壁、门楼、券门、墀头、墙垣、脊饰和山花等处。临夏砖雕既保留着特有材料所呈现的质朴和简约，又呈现出多样化的艺术特征。砖雕体裁广泛，多以美好祝愿为内容，表现形式丰富多样，有的气魄雄伟，有的素雅大方，大多为自然花卉、鸟兽鱼虫、吉祥图案等（图 3-67）。临夏砖雕装点的建筑既有寺院等公共设施，也有寻常百姓家的屋脊门庭。临夏砖雕的制作技艺非常讲究，分为“捏活”和“刻活”。捏活主要应用于建筑屋脊的脊兽上，包括花鸟、龙凤题材。刻活主要用于装饰门脸、影壁、甬道、墀头等部位。在临夏的东公馆、红园，保存有不少精美砖雕。其中东公馆在临夏南关，原是国民党第四十集团军副司令马步青的公馆（图 3-68）。东公馆内的亭台楼阁、屋脊基座、曲径回廊、墀头照壁、嵌墙基座等处都有砖雕装饰。东公馆院内砖雕以取材广泛、造型生动、雕工细腻、技艺精湛而著称，有砖雕艺术“大观园”的美誉。红园的一字亭南侧照壁上的“泰山日出图”和北侧照壁上的一帧“石榴双喜图”，大量借绘画中的皴法，以及木雕中的运刀技巧，使得画面大气磅礴，却又不失玲珑别致，把生动的画面和传神的意趣淋漓尽致地再现在青砖之上，令人赞叹。

■ 图 3-67　临夏砖雕

■ 图 3-68　临夏东公馆砖雕

第三节 砖雕的建筑载体类型

砖雕装饰分布在建筑物的各个部分，数量种类繁多，工艺精美。砖雕依附于建筑而存在，建筑因砖雕而变得精彩，充满生机意趣。砖雕主要分布在门楼、影壁、墙壁、屋脊、牌坊等几大类型建筑部位。

一、门楼装饰

门楼是中国传统建筑中极力装点的部位，在古代是一户人家生活富足与否的象征，具有显示形象的作用，标志着整个宅院或古建筑群的格局和等级。门楼的顶部结构和筑法类似房屋，门框和门扇装在中间，门扇外面置铁或铜制的门环。门楼依附厅堂而建，顶部有挑檐式建筑，门楣上有双面砖雕，一般有刻着“紫气东来”“竹苞松茂”的匾额。门楼的种类大致有城门、宫门、殿宇门、府第门、山门、垂花门等，以不同的造型和功能诠释着中国传统的门文化。门楼有四脚落地式、牌楼式、脊架式、过道式和中西合璧式等。门楼上的砖雕主要体现在斗拱、额枋、元宝、挂落、垂花等构件的装饰。

四脚落地式门楼进深较小，基本与院墙处于同一平面上，尖山式硬山屋顶，顶部以瓦片、茅草覆盖。讲究的四脚落地式门楼还在盘头、墀头等处装饰纹样繁复精致的砖雕（图 3-69）。墀头这一部位就饰有六七种不同的纹样，主要分布在前檐砖、门额、挑檐、墀头腿、花牙、荷叶墩等部位。

(a) 动物纹砖雕

(b) 人物纹砖雕

■ 图 3-69　墀头砖雕　天津老城博物馆藏

牌楼式门楼与四脚落地式门楼的顶部通常会有硬山式屋顶，以青瓦覆盖。二者在结构上有些相似，正脊为两端翘起的花瓦脊，常饰有脊兽。牌楼式门楼屋檐下常以多层的冰盘檐作为装饰，一般不设戗檐、盘口。有的部位雕刻精美的卷草纹、仿木斗拱、挂落等（图 3-70）。因此，与四脚落地式门楼相比较，显得更加挺拔威严、秀丽隽永。

■ 图 3-70　牌楼式仿木斗拱

脊架式门楼，其前厅探出较大，用以遮住整个大门，上檐的山墙起主要承重作用，前后檐角均由粗木和石条连接，山墙处可做封闭或裸露处理，屋顶以瓦（早期为草）覆盖，虽然是较为简单的一种门楼，但外观造型上比较轻巧。

过道式门楼，又有“屋宇式门楼”之称，是一种临街或与南房、倒座房连接的一种门楼。门楼墙凸出院墙墙面，上身为砖砌，下碱为整块的角石，在墀头等部位装饰精美的砖雕。其进深较大，大门与影壁之间的空间长而宽阔，具有很强的封闭性。

中西合璧式门楼，近代因西方列强的入侵，西方文化也渗透到中国传统民居。山西祁县长裕川茶庄就颇具欧洲建筑特色，但门券上却采用大量的中国传统的砖雕装饰堪称中西合璧的杰作。

二、牌楼装饰

牌楼是中国传统建筑之一，是一种有柱的门形构筑物，一般较高大（图 3-71）。旧时牌楼主要有木、石、木石、砖木、琉璃几种，多设于要道口。牌楼与牌坊类似，但又有明显的区别，牌坊没有“楼”的构造，即没有斗拱和屋顶，而牌楼有屋顶。由于它们都是我国古代用于表彰、纪念、装饰、标识和导向的一种建筑物，而且又多建于宫苑、寺观、陵墓、祠堂、衙署和街道路口等地方，长期以来普通百姓对“坊”和“楼”的概念并不清晰，所以后来两者成为一个互通的称谓了。

(a) 安徽西递村牌楼

(b) 山西大同牌楼　马晓燕提供

■ 图 3-71　牌楼

三、屋顶装饰

古代建筑的屋顶式样非常丰富，变化多端。中国古建筑屋顶的装饰主要是通过对屋顶各个构架部分的美化来展现的。

1. 瓦当与滴水

砖和瓦都是建造房屋的重要材料，砖的用处比较广，砌墙、铺地、造屋脊都用的是砖，而瓦只用在屋顶的表面，起到遮挡雨雪的作用，它们都是由泥土制成土坯，再进窑经高温烧制而成，在此一并介绍（图 3-72、图 3-73）。

■ 图 3-72　山西广灵觉山寺瓦当　王虎伟拍摄

■ 图 3-73　山东烟台所城里民居瓦当　罗森提供

瓦当，处于檐口部位的筒瓦称“瓦当”，俗称瓦头，是屋檐最前端的一片瓦（也叫滴水檐）。它是古建筑的构件，起着保护木制飞檐和美化屋面轮廓的作用。不同历史时期的瓦当，有着不同的特点。

滴水，分“文滴”“画滴”。滴水的形状大多呈上平下尖的三角形，为了美观，工匠会将两边做成如意曲线形（图 3-74）。

(a) 花卉纹滴水

(b) 兽面纹滴水

■ 图 3-74　滴水

2. 正脊与正吻

中国古代建筑的屋顶坡面相交就产生了屋脊，其中与房屋正面平行的称为“正脊”，正脊两端常有吻兽或望兽，中间可以有宝瓶等装饰物。据文献记载，清代官式建筑正脊是由琉璃砖和瓦组成的，只有线脚而没有装饰，左右保持水平而没有两头的起翘，两端是琉璃烧制的正吻。民间建筑正脊是一条左右持平不做曲线的脊，两端有高出的正吻，没有固定式样，是由烧制成形的砖瓦件拼接而成，用简单连续的砖雕花纹装饰，这些装饰都是在泥坯上雕出花纹进窑烧制成砖后，再在屋顶拼成长条的正脊。花饰内容以植物的花朵与枝叶为主，相同的花饰左右相连成为带状的雕刻装饰（图 3-75），也有的在一条正脊上用两种不同的花饰呈对称式组织成条，还可以是独立的花饰，形象大多富于变化，很少相同。

(a) 带阁楼式脊刹的正脊　王虎伟拍摄

(b) 带大象式脊刹的正脊　王虎伟拍摄

(c) 正脊对衬式花卉砖雕

(d) 带宝塔式脊刹的正脊　师源辉提供

(e) 带建筑式脊刹的正脊　师源辉提供

■ 图 3-75　正脊砖雕装饰纹样

正脊两端的兽形吞脊瓦件称为“正吻”，也称鸱尾、鸱吻、龙吻、大吻等，但相互之间是存在一定的差异和区别的。最早可以追溯到周代，《三礼图》中的周王城图屋脊两端就有这类装饰物。它初为鸟形后演变为鸱尾形，也有为蚩（一种海中能灭火的兽）尾形的说法，象征辟火除灾。南北朝时期的陵墓、石窟中多见鸱尾，尾身竖立，尾尖内弯，外侧施鳍纹。中晚唐后出现张口吞脊，尾短且向脊内翻卷的鸱吻。有记载传说龙生九子之一为鸱吻，传说此兽好吞，故在正脊两端作“吞脊兽”（图 3-76）。从晚唐时期的代表性建筑山西五台山佛光寺大殿可以看出，此时期的鸱尾出现了龙口吞脊的形象，其尾部反卷上翘，已不与正脊直接连接形成鸱吻。唐以后鸱尾逐渐消失，宋以后至元时期，龙形象逐渐增多，鸱吻形成了头尾俱全的完整形象。金元时期，鸱吻的尾部已不是向脊中央卷曲，而是渐有向上向外卷曲的趋势。元朝以后，龙形的吻逐渐增多，明清时期这种龙形吻兽已很普遍，造型严整，也称“龙吻”“大吻”。明代的吻尾向后卷曲，吻身上有小龙，鳞飞爪张，龙眼前视，颇为富丽。清代的龙吻与明代相似，但其尾部完全外卷，剑把直立，龙眼侧视。明代在龙吻的背上插有一把短剑，相传这把宝剑是晋代名道士许逊之物，目的是防其逃跑，使其永远喷水镇火、驱邪避魔。明清两代龙吻的宝剑在外形上有所区别，明代宝剑的剑柄上部微微向龙头弯曲，顶部做出五朵祥云装饰；清代宝剑的剑柄上部直立，顶端雕饰的图案是鱼鳞装饰。清代的官式正吻逐渐定形化、程式化，剑把完全变成了装饰符号，既不像花饰也不像宝剑。而民间的正吻上的剑把反而更形象，有的竟用钢叉代替。在琉璃正吻中老龙头的变化不及仔龙的变化大，各地上方的琉璃正吻仔龙成为表现重点，龙头在上扬起，张牙舞爪，形式比宫殿更富于变化。安装正吻的要求是正脊不掩老龙的上唇，垂脊不掩老龙的下爪。在官式大吻的尾部还有小背兽，外形与套兽相似。背兽是个单独制作的瓦件，它是和剑把共同组成大吻不可分割的部分。明代官式大吻的背兽由于程式化的固定形式而显得不够活跃。明代以前的背兽形象威猛，体型较大。民间有的背兽灵活变化，与大吻分离，样子也比较活泼。

(a) 官式吻兽　山西博物院藏

(b) 吞脊鱼龙吻兽　师源辉提供

■ 图 3-76　正脊吻兽

在传统建筑中，还有一种琉璃鱼龙吻。在江南地区非常流行，北方个别地区也有，是鸱尾向鱼龙吻发展的脊兽。还有一种顶端有五个尖尖的背鳍的琉璃鱼龙吻，这种鱼龙吻被称为“五叉拒鹊子”。这是鳌鱼特有的形象，鳌鱼还有如同两翅膀的胸鳍，是为了能跃过龙门，顺利飞升化龙，实现身份地位的转换。

一些地方建筑上的屋顶正脊与正吻，仅在体量和正吻的形态上与官式建筑有所区别。正吻多见的是龙头在上仰首向外张望的姿态，有的还作张口吼叫状，形态挺拔有神。有些较大的正吻既有衔脊的龙头，又有向外张望的龙头，两龙相背、相连或相平，或一高一低，其形象比宫殿的正吻更为多样。

3. 其他脊兽

古代建筑脊兽除正脊吻兽外，还有围脊合兽、垂脊垂兽、戗脊戗兽、角脊跑兽、角脊套兽等类型。围脊通常出现在重檐式或盝顶式建筑下层檐和屋顶相交的脊上，围脊四角有脊兽，官式围脊兽形似正吻无背兽，根据等级不同，分别为合角吻或合角兽。垂兽是中国古建筑垂脊上的兽件，传统大式建筑的垂兽大小仅次正吻，官式建筑中垂兽形似望兽而体量比望兽小很多。歇山顶、悬山顶、硬山顶或联山顶上都有垂兽，是中国建筑屋顶檐角所用装饰物（图 3-77）。民间有传龙生九子之第三子称“嘲风”，平生好险又好望，作为殿顶垂脊上垂兽的装饰。戗兽是古代中国建筑戗脊上兽件，用于歇山顶和重檐建筑上（图 3-78）。戗兽是兽头形状，将戗脊分为兽前和兽后，兽头前方安放跑兽，其作用和垂兽相同，起到固定屋脊的作用，同时也有严格的等级限制。在殿顶翘起的角脊上安放着仙人和各种跑兽，建筑级别越高，跑兽越多。跑兽的排列是有寓意的，最前面的仙人俗称仙人指路，也称走投无路。仙人形象多为束发骑鸡，鲜见骑鹤（图 3-79、图 3-80）。鸡在十二地支中为酉，对应五行学说中的金，根据五行生克理论可知金能生水，因此仙人骑鸡带领着后面的小跑兽水军坚守屋角，镇辟木建筑免受火灾侵害。套兽是古建筑防水构件，安装在翼角或窝角梁梁头上，中部掏空。套兽一般由琉璃瓦制成，为狮子头或者龙头形状。

■ 图 3-77　琉璃垂兽　明代

■ 图 3-78　戗兽　山西恒山悬空寺

■ 图 3-79　跑兽　泰山风景区　罗森拍摄

■ 图 3-80　跑兽　山西恒山悬空寺

四、墙上装饰

气孔俗称“跑风”，其作用是防止山墙里的柱子底部潮湿腐朽，所以在柱子底部的墙外安装一个气孔。屋子高的就在柱子山墙的上下安装两个“跑风”，为了美观，“跑风”造型多样。北京紫禁城宫廷内墙面夹柱的通气孔也都使用砖雕，其上雕有花鸟图案，牢固而美观，且利于空气流通。慈禧太后陵寝隆恩殿及其东西配殿的墙面也用砖雕贴砌而成，有的贴金，辉煌耀目。

气孔长约 20 厘米，宽约 10 厘米，置在正对柱子的墙下方。有的在上下方各开一孔，气孔一般是有孔隙的雕花砖，雕刻的内容多为枝叶、梅菊、牡丹、灵芝，少数也有动物。技法上采用深雕和透雕（图 3-81）。

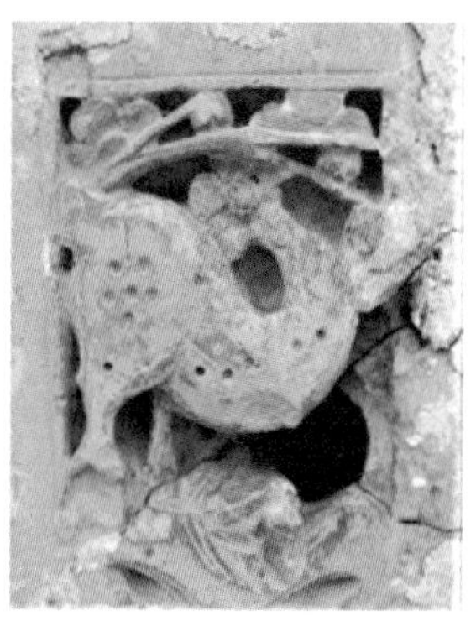
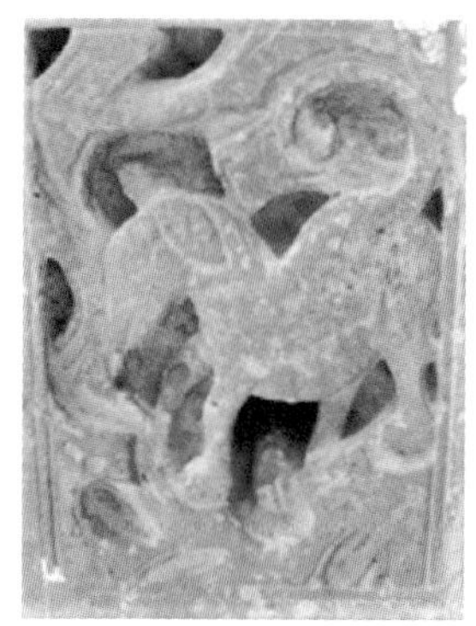

■ 图 3-81　墙上气孔

五、照壁装饰

照壁也称“影壁”或“屏风墙”，是中国古代传统建筑特有的部分，照壁具有挡风、遮蔽视线的作用。有的会设在院落一进门处的正对面，既是一个影壁，也是一堵砖墙（图 3-82）。有的是单独修建的，有的是镶在厢房山墙上的。在正对大门的这一面，一般都有花卉、松竹图案或者将大的“福”字书法字样醒目地放置在影壁正面，或“禄”“寿”等象征吉祥的字样。也有一部分影壁被绘上吉祥的图案，如“喜上眉梢”“六合同春”“松鹤延年”等。照壁可位于大门内，也可位于大门外，前者称为内照壁，后者称为外照壁。形状有一字形、八字形等，通常是由砖砌成，由座、身、顶三部分组成，座有须弥座，也有简单的没有座。照壁砖雕常以线脚围成长方形的“池子”，内设四角岔花（图 3-83）和中心花，通常由 45°角斜放的方砖贴砌而成，中心区域称为照壁芯，简单一点的照壁可能没有什么装饰，但也必须磨砖对缝非常整齐，豪华的照壁通常装饰有很多吉祥图样的砖雕（图 3-84）。

(a) 山西灵石王家大院照壁砖雕局部(一)

(b) 山西灵石王家大院照壁砖雕局部(二)

(c) 山西高平良户村照壁

■ 图 3-82　照壁纹样

■ 图 3-83　照壁岔角纹样

从形式上分，照壁有五种。第一种是琉璃照壁，主要用在皇宫和寺庙建筑。第二种是砖雕照壁，大量出现在民间建筑中，是中国传统照壁的最主要形式。其中一些照壁的须弥座采用石料雕制，但极其罕见。第三种是石制照壁。第四种是木制照壁，由于木制材料很难承受长久的风吹日晒，一般也比较少见。第五种是砖瓦结构或土坯结构，壁身完全披盖麻灰，素面上色，有的还雕嵌砖材图案或文字，这一类照壁数量较多。

据陕西岐山凤雏建筑遗址考古发现，我国早在西周时期就有了照壁。我国现存古代最著名、壁体最大、雕工最精的照壁当属山西大同九龙壁。此壁建于明洪武二十五年（1392 年），为明太祖朱元璋第十三子朱桂代王府前照壁。整个照壁全用特制的黄、绿、紫、蓝、赭等五彩琉璃砖拼砌而成，极其奢华。山西佛教圣地五台山普化寺（图 3-85）和龙泉寺照壁，以及北京孔庙和全国各地孔庙（文庙）的琉璃砖照壁等，都是当之无愧的国之瑰宝（图 3-86）。

(a) 渭水求贤

(b) 福禄寿三星

(c) 文王别子

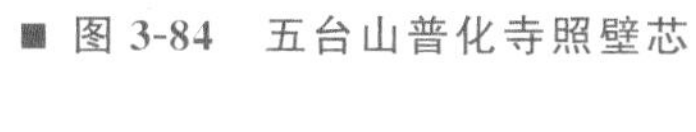

■ 图 3-84 五台山普化寺照壁芯

(a) 五台山普化寺照壁正面

(b) 五台山普化寺照壁背面

■ 图 3-85 五台山普化寺照壁

(a) 团龙(一)　(b) 团龙(二)

(c) 团龙(三)　(d) 二龙戏珠

■ 图 3-86　山西太原文庙琉璃照壁龙纹样

第四节 砖雕工艺技法分类

一、制砖工艺流程

砖雕是在砖上进行雕刻的艺术，首先要有适宜砖雕的砖。砖是用黏土打成坯料，经高温烧制而成，用于雕刻的砖必须具备耐磨、耐湿、软硬适度的特点。因此，对原料的加工有特殊的要求，其泥土要经过搅拌并用清水过滤，反复沉淀后去掉渣子，再经晾干、踩压才能做成坯子。烧好后的砖坯还要进行打磨使其光滑平整。

1. 选泥

青砖的制作要从选泥开始，首先要挖取优质的黏性细泥，以黏而不散，粉而不沙的为好黏土（图 3-87）。

2. 澄浆

注入大量的水将土调成稀糊状，洗练出泥浆后，再予以沉淀，并排除多余的水，把硬质

■ 图 3-87　选泥所用的黏土

泥块踩碎，拣去杂质，经过两道澄浆。

3. 练泥

练泥是制砖程序中最关键的步骤之一，将泥入池与水搅拌做成稀糨糊状的过塘泥，待泥浆沉淀后，排去上层清水，等泥浆结成块状，注意掌握泥浆的软硬度，铲起湿泥块，晾一两天，反反复复踩成泥筋，再用人工揉泥，直到把泥练熟。

4. 成坯

把练熟后的烂泥制成一定规格的砖坯，制好的砖坯不能用风吹干，也不能晒干，而是要阴干（图 3-88）。否则会造成水分挥发不均匀，烧制后的砖容易出现裂痕。用脚踩是为了把握好练泥的软硬度与柔和度。

■ 图 3-88　模制砖坯阴干

5. 烧制

砖的烧制分柴窑和煤窑，制作砖雕的砖通常以柴窑为多。烧成的砖平整如镜，敲击时发出清脆的声响，以青灰色为上品。色泽过深的太硬，入刀时容易爆裂，难以刻出细腻传神的作品，色泽过浅的太软，入刀时有黏滞感，用力不当容易使砖断裂。一块细腻纯净，没有杂质的青砖，质地比木更为坚固，不怕日晒雨淋，又易于雕刻，这种便是用于砖雕的上好材料。砖入窑时的堆放也有一番讲究。用来雕刻的青砖一定要放置在窑弄的中间，四周贴近窑炉壁的位置堆放些普通的建筑用砖，因为中间的窑位受热均匀，能够烧出好砖（图 3-89）。烧时要掌握好火候和封窑时间以及封窑时的浇水量（图 3-90）。明清时期，最著名的砖窑是苏州陆慕御窑，专为皇宫烧制细料方砖。此窑烧制的砖颗粒细腻，质地密实，敲之作金石之声，称“金砖”。

■ 图 3-89　砖坯在窑中的摆放方式

■ 图 3-90　用水封顶的砖窑

6. 出窑

打开窑门与窑顶，散热冷却两天两夜后烧制好的砖才能出窑（图 3-91）。成砖出窑时，须对焦砖、裂砖、变形砖进行严格剔除。一窑成砖中，大抵可筛选出八成左右的雕砖成品。

■ 图 3-91　柴窑窑门

二、砖雕加工手法分类

民间砖雕基本沿袭明、清时的做法，主要工艺有烧活、凿活、堆活等。

（一）烧活

烧活也称捏活、窑前雕，是最古老的一种工艺。在入窑前进行泥塑或者放入模具翻制成型后入窑烧制，其特点是易于加工，成本较低，但缺点是造型效果层次少、不够精细。窑前雕更像是做泥塑或面塑，选择上好的泥土揉搓捏压（如同揉面），揉出韧性（练泥）后，或压入模具（图 3-92），或捏出形态（图 3-93）。阴干后再以扦、刮等手法加工，然后入窑烧制。传统建筑物上的瓦当、花条或贴面砖，还有古时墓室里的圹砖，一般采用的就是窑前雕的工艺。在砖未干时，将印模压印在砖坯上，阴干后再入窑烧砖。如果印模是阳刻的，成砖为阴文，相反，印模是阴刻的，成砖则为阳文。能否烧出理想的作品，只能依据艺人的经验与感觉，这其中有太多不可把握的因素。所以窑前雕的成品率较低，这是窑前砖雕工艺的一大难题。

(a) 阴干后的模制砖坯

(b) 砖模

(c) 修整模制砖细节

■ 图 3-92　模具压制成型

(a) 捏活浮雕

(b) 捏活修整

■ 图 3-93　手工捏塑成型

（二）凿活

凿活也称刻活、窑后雕，是直接在成品砖上打凿、雕刻的工艺手法。使用这种工艺的砖雕表现力最丰富。窑后雕作品在大多数情况下，都是由几块砖合在一起组成完整的画面。即便是一砖一画，也由多个构件组合而成。因此，进行画面安排和构图排列之前，选料时要选取色泽、质地都相同的砖料，然后再开始制作。如果雕刻的是一组作品，那么这一组砖的砖色和致密度一定要相同，有阴线、平活、线活、深活、透活、圆身等表现加工工艺。

凿活的具体工序有八道，是用凿和木槌在质地细密的青砖上钻打雕琢出各种图案的技法。

1. 修砖

选出色形均好的青砖蘸水仔细磨平。

2. 上样

根据砖饰部位的规格，用一块或数块青砖拼码在一起，刷一层石灰水，等其干后，再在砖面上用黑墨或铅笔绘制出草图样。或者在纸上设计好纹样，拓印到砖面上。

3. 刻样

用小凿将画稿线条浅凿在砖上。注意用力要轻，痕迹要浅，以免用力过重造成痕迹过深影响后续效果。

4. 凿坯

依样先凿出四周线脚，再凿出大轮廓。因一个图案往往由几块、十几块甚至几十块青砖拼接在一起，所以要突出立体部分，因为砖雕大多装饰在门和照壁等距地面一定高度的位置，所以要兼顾仰视效果。凿坯，一般由富有经验的艺人主刀，凿出画面的轮廓和物象的深浅，确定画面近景远景的层次、位置。这道工序要求操刀艺人熟知作品的题材和情节，画面安排得当，且能随机应变、游刃有余。

5. 出细

出细也称“修光”，是指进一步从地子中将物象精雕细刻使人物、花草、亭台、楼阁等表现内容逐一显现出来。雕刻时还要注意阴阳向背，并非越细越好。根据凿坯阶段完成的轮廓具体刻画，使人物、楼台、树木、花草一一表现出来。修光也可理解为再创作的过程，比如人物的面貌、动物的羽毛、纹饰等都要靠修光来处理。

6. 修补

整个画面修光好以后，下一步的工作就是修补，即修饰、粘补。修饰是统一整理细部，铲平地子，修补暗孔，粘补缺损或局部改刻。修补应统观整体，掌握总体感觉，并强调重点细部的精雕粘补，对凿刻过程中的断裂、崩坏加以修补或进行局部改动补合。一件作品在雕刻过程中难免有不慎损坏的地方，此法是将这些损坏之处修补好。

7. 上药、打点

（1）上药

如果是比较小的破损，可用砖泥 7 分，生石灰 3 分，调和成浆，搅和填补，将砖雕的砂眼或残缺部分抹平。已失胀性的生石灰不能用。

（2）打点

用水将砖面图案抹擦干净。砖雕是一项细致的工作，砖雕总的要求是雕出的图案形象生动、细致、干净，线条清晰、清秀、柔美。

8. 磨光

用糙石细细磨光或用砂纸磨光，雕好后附属工序还有排拼（即校对数块连接的通景或连续花边等，讲究的还要磨砖对缝）和做榫（为安装做准备）。

（三）堆活

堆活包括灰塑、陶塑等工艺类型。只是在材质上有所变化，可以说它是砖雕的一种延伸。在砖上以灰堆塑造型称之为“堆”。灰塑以细石灰和纸筋拌和成灰浆塑形，于半干时上色。灰塑与陶塑、螺钿镶嵌等工艺结合称陶灰塑，风格更加华丽。岭南一带的民间建筑，常在屋脊和墙头上堆砌陶灰塑，其纹饰复杂繁琐，色彩强烈。广东、福建以及沿海地区的民间建筑常在屋脊和墙头上使用陶灰塑。其风格清新质朴，纹饰复杂繁琐，色彩夸张强烈，有时还带有一些西洋风格（图 3-94）。

(a) 二龙戏珠　海口市

(b) 孔雀花卉　深圳市

■ 图 3-94　陶灰塑

1. 灰塑

灰塑，是我国古建筑装饰中极具个性色彩的方式之一，盛行于我国明清和民国时期的岭南地区。民间工匠称灰塑为“灰批”，即先用灰浆塑造形象，于半干时上色，是由砖雕堆活发展而成的建筑装饰工艺。据记载，灰塑在我国唐代已经出现，宋代得到普遍应用，明清时期，祠堂、寺观和豪门大宅建筑盛行用灰塑作为装饰。灰塑有一整套独特的工艺技法，包括浮雕、透雕、圆雕等多种工艺形式，在色彩的配合与使用上具有很强的表现力，多施用于檐墙、山花、漏窗和屋脊等部位。灰塑制作使用的材料主要有生石灰、纸筋、稻草、矿物质颜料、钢钉和钢线，材料多为耐酸、耐碱和耐温的材料，加强了雕塑的牢固性。

灰塑制作一般包括五个基本步骤。

一是将原材料生石灰通过特殊的配制和加工，制成有一定强度又有较高可塑性和柔韧性，可以满足各种造型需要的灰泥。灰泥的好坏直接影响灰塑的质量，分“草筋灰”“纸筋灰”“色灰”三种，按照不同的分量和比例，分别在灰泥中加入稻草或草纸特制而成，“纸筋灰”可加矿物质颜料调制成各种颜色的“色灰”。先将生石灰和水充分混合，过程中不断用重物对其进行捶打，称为“舂灰”，制出浆体细腻、黏稠度高、耐风化的灰泥；再将调制好的灰泥置于塑料袋中捂15天以上“养灰”后，经过捶打发黏至拉丝状。有经验的艺人在制作灰泥的过程中，还会加入红糖、糯米粉等材料，以增加灰膏的黏性和吸水性，控制干燥的时间。

二是灰塑艺人根据建筑空间和装饰部位的需要，直接在建筑物上设计图案，并根据装饰部位的不同，结合其实用功能，采用不同的表现形式、装饰手法和构图内容。灰塑装饰没有程式化的模式，全由艺人在现场施工制作，因而具有很大的灵活性和随意性。

三是制作造型底子。根据造型和表现对象凸出于墙面距离的需要，运用半浮雕、浅雕、高浮雕、圆雕、透雕等多种造型技法，施用于檐墙、山花、漏窗和屋脊等部位。需要时用瓦筒或铜线等扎成骨架，选用质地比较硬的“草筋灰”塑型压实，隔一两天之后，待第一层“草筋灰”将干未干时，填入第二层，以此类推，直至结构成型。

四是对物象进行细部造型塑造。结构成型后用相对细腻和柔滑的“纸筋灰”，塑造物象的表情等细节。厚度控制在0.5厘米左右，最多不超过1厘米。雕刻时灰匙的运用要果断准确一步到位，这对匠师的技术水平要求较高。

五是遵循“先里后外、先大后小、先深后浅”的原则，在完成的造型上绘上色彩。主要有两种表现手法，一种是用“纸筋灰”调制成的“色灰”作灰塑的主体颜色；另一种是颜料单独使用。前者较鲜艳，后者较耐色。待灰塑干到七成后方可动笔，以让颜料借助石灰硬化的过程，牢牢地黏附在灰塑的表面，从而能够保持长时间不褪色。整个流程需经历若干天才能结束。

2. 陶塑

陶塑，是以陶土塑成坯料经高温烧制而成，常用于屋顶的装饰，以岭南地区陶塑脊饰为代表。陶塑是有“南国陶都”之称的石湾民窑的特产，具有悠久的历史。岭南陶塑脊饰又称“花脊”或“陶脊”，色彩明快，以蓝、绿釉色为主色调，同时搭配黄、白、褐等色彩。早期岭南陶塑脊饰题材以花卉、果蔬、鸟兽等题材为主，这些题材通常具有吉祥寓意与象征性。粤剧在岭南地区文化中有着重要地位和影响力，民间匠人将众多的粤剧人物形象、活动场景表现在陶塑中。神话题材也是岭南陶塑表现的重要方面，如天官赐福、八仙过海等。岭南陶塑脊饰在国内遗存较为完整的有广州陈氏书院、佛山祖庙、三水胥江祖庙、德庆悦城龙母祖庙、惠州罗浮山冲虚观五处。❶

三、砖雕雕刻技法

砖雕的雕刻技法有阴雕、线刻、浅浮雕、深浮雕、高浮雕、圆雕、镂雕、粘砖法、堆砖法等。阴雕就是雕出向下凹的主题形象，而非凸出于背景的。线刻是用三角刀或凿在平面上起阴线的做法，极具线条美感。在一个平面上雕刻出凹凸不平的线条和条块，按照其凹凸的程度分浅浮雕、深浮雕和高浮雕。这种雕刻技法适合表现戏剧情节、传说故事。圆雕又称立体雕，可以从不同角度进行观赏。镂雕又称透雕、通花雕，是介于圆雕和浮雕之间的一种雕刻形式。常与其他技法结合使用，操作难度较大。在浮雕的基础上，镂空其背景部分，有单面雕、双面雕之分。它可将纹样雕刻得细致、多层次，以增加作品的透视性和立体感。减地

❶ 周彝馨、吕唐军. 岭南传统建筑陶塑脊饰及其人文性研究. 中国陶瓷，2011（5）：38-41.

平雕是用阴线刻画形象轮廓，并将轮廓以外的空地凿低铲平，在一个材料的平面上进行图案雕刻，通过各种线条表现题材，通常以花草等纹样为主。粘砖法，由清时砖雕艺人马顺清、马少清父子所创。即通过拼接、粘贴的手法，在雕砖的平面上进行局部增贴雕刻，以加强立体感。特别是一些高浮雕作品，为了增加层次，往往要用粘贴的手法，在需要的部位再加上一层或多层砖雕，最多的能够做出九个深浅不同的层次，强化作品的纵深感。堆砖法是砖雕中一种独特的表现技法，是将砖雕所用的砖堆叠出各种花纹，在起到装饰作用的同时还对建筑本身起到强固的作用。在传统民居和园林的护栏、女儿墙、剑墙等部位，经常可以看到用砖堆叠出来的各式纹样，是一种常见的装饰手法。

刀法，有圆刀、平刀、直刀、斜刀等工具，可灵活应用，使雕刻者刻出的线条自然流畅、简洁明快。详见图 3-95。

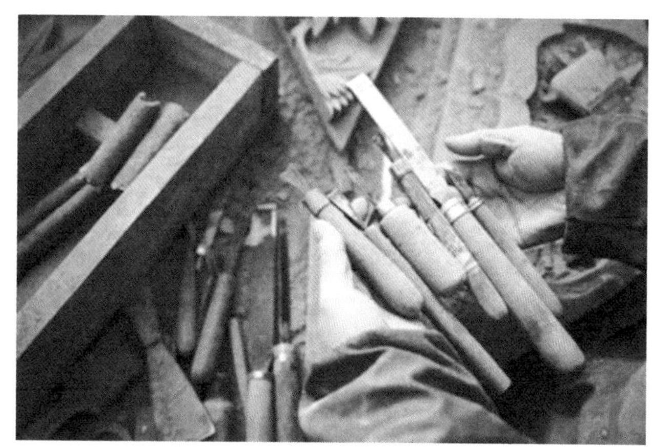

■ 图 3-95 砖雕工具——雕刀

锯、磨、刻、凿、钻是针对不同工具而言的一些砖雕的基本手法。

锯，通常在开料时使用，常用于制作花窗透雕。

磨，用磨头将纹饰内外的粗糙之处打磨精细，这是为了将砖坯修刨平整。

刻，往往在刻画“出细”时用，通常配合扦、刮等手法进行。

凿，是用小錾子开出较大形态轮廓时使用的手法，以突出主体形象，增加立体感，或在以“皴法衬托”凿出底纹肌理时使用。

钻，多数是雕凿过程中的过渡性操作技术，如在做透雕时，钻一个孔以透过线锯，便于运锯。为了防止在雕凿前景与背景间的透空空隙时产生爆裂，可先在其间钻出透孔，再以扦的手法层层扦削。

第五节 砖雕工艺工程标准

一、施工准备

本工艺工程标准适用于古建筑修建工程中的砖雕工程。

1. 主要材料及主要机具

（1）主要材料

砖料：品种、规格、材质等级、外观等应符合设计及施工规范要求。

油灰砂浆、砖灰、生石灰、胶水：品种、质量应符合设计要求。

铁件：品种、型号、规格和质量应符合设计要求和现行国家标准的规定。

（2）主要机具

手动工具：0.3～1.5 厘米的錾子、木敲手、磨头、钻子、砂轮、凿子、直尺、折尺、卷尺、长角尺和短角尺等。

电动机具：手提电钻、磨光机、气压式电动雕刻机等。

2. 作业条件

① 雕刻用施工场地已准备好，且操作棚已搭设完成。

② 操作场所的防火措施及通风措施已经到位。

③ 雕刻图案及实样已经过业主及设计师确认，且作业班组已接受交底。

二、工艺流程

工艺流程如下：绘稿→打坯→修光→上药→打点。

（1）绘稿

绘稿即勾画图案，用笔在砖上画出雕刻图案，如果不能一下子画出的，可随画随雕。此过程要求打好腹稿画好后用细小的钻子沿画笔的笔迹浅细地耕一遍，以防笔迹在雕刻过程中不慎给抹掉了。一般来说，要先画好图案的轮廓，在形象形成后再进一步画出细部图样。

（2）打坯

打坯即造型，就是把画面之外多余的部分去掉，在着手打坯时要凿、铲并用，要万分小心，将砖从上到下，从前到后，由表及里，由浅入深，一层层地将图案的大轮廓塑造出来。

（3）修光

修光就是把打成坯的作品进行更细致的加工，运用精雕细刻及磨头将坯中的刀痕去掉，将细部完善。在修光的过程中如发现有破败处，要用砖进行修补。

（4）上药

上药就是将砖雕的砂眼或小的残缺部分用砖灰浆补平。

（5）打点

打点是用水将砖面及图案抹擦干净。

三、质量标准

1. 保证项目

① 砖料的品种、规格、材质等级、外观符合设计要求。

② 砖雕安装所采用的油灰砂浆的品种、质量应符合设计要求。

③ 砖雕安装所采用铁件的品种、型号、规格和质量应符合设计要求和现行国家标准的规定。

④ 砖雕安装应牢固，图案完整，无缺棱掉角。

⑤ 砖雕图案的内容、形式，应符合设计要求。

⑥ 砖雕应放实样、绘纸样、套样板。实样、纸样、样板应符合设计要求。

⑦ 文物古建筑的砖雕，其花形纹样、刀法应符合相应历史时代的风格特点和传统做法。

2. 基本项目

砖雕表面外观应达到的标准。

① 阴雕（阴刻、反雕）图样清晰，深浅基本协调，刀法有力，边沿整齐，雕地表面平整。

② 线雕（线刻）线条清晰，深浅宽窄基本协调一致，刀工较精细，边沿整齐，表面光滑平整，无砂眼和细裂缝。

③ 平浮雕的图样清晰，凹凸基本一致，边沿整齐，表面平整。

④ 浅浮雕的图样自然优美，对称部分对称，表面光滑，无水波雀斑，线条清晰，凹凸台阶基本匀称，层次分明；拼接基本严密无松动；雕底平整，沟角部位基本无刀痕错印。

⑤ 深浮雕的图样自然优美，对称部分对称，表面光滑，无水波雀斑；层次多且有立体感，凹凸台阶基本匀称，拼接基本严密无松动；雕底平整，沟角部位基本无刀痕错印。

⑥ 镂雕的图样生动自然，表面光滑，层次多，有较深的视野，镂空部分有较强的立体感，拼接基本严密无松动；基本无刀痕错印，根底连接牢固。

四、允许偏差

砖雕件制作、安装的允许偏差和检验方法应符合表 3-1 和表 3-2 的规定。

表 3-1 砖雕件制作允许偏差和检验方法

项目	允许偏差/mm	检验方法
雕件平面尺寸	±0.5	尺量检查
雕件厚度	±1	尺量检查
雕件翘曲	1.5	将雕件平放在检查平台上用楔形塞尺检查
雕件边角方正	2	用方尺和楔形塞尺检查

表 3-2 砖雕件安装允许偏差和检验方法

项目	允许偏差/mm	检验方法
位置偏移	±2	尺量检查
上口平直	2	拉通线和尺量检查
拼缝宽度	0.5	尺量检查
接缝高低差	0.5	用直尺和楔形塞尺检查

五、施工中应注意的问题

1. 施工中应注意的质量问题

① 雕刻前必须注意材料的挑选。

② 凿粗坯时还需注意留有余地，因为雕刻施工均为“减法”，操作时必须坚持“万分小

心”的原则。

2. 施工中应注意的安全问题

① 使用手持电动工具进行操作时，要确保工具外壳完整、接地良好。

② 操作时必须戴好防护眼镜。

③ 操作场所的通风条件较好。

④ 操作场所的消防设施完好。

六、成品保护措施

① 雕刻完成的作品应及时用草绳包扎保护。

② 成品应尽量直立放置在靠墙位置。

③ 运输及移动时应做到轻拿轻放。

七、质量记录

本工艺标准应具备以下质量记录。

① 材料出厂合格证。

② 分项工程质量检验评定。

③ 隐检、预检记录。

④ 设计变更及洽商记录。

⑤ 其他技术资料。

第四章

古建筑石雕

中国古代建筑中建造、制作和安装石构件和石部件的专业称为石作。宋《营造法式》中所述的石作包括粗材加工、雕饰，以及柱础、台基、坛、地面、台阶、栏杆、门砧限、水槽、上马石、夹杆石、碑碣拱门等的制作和安装等。按照古代传统，石作行业分成大石作和花石作，大石作匠人称为大石匠，花石作匠人称为花石匠。石雕制品或石活的局部雕刻即由花石匠来完成。

石雕就是在石活的表面用平雕、浮雕或透雕的手法雕刻出各种花饰图案，通称“剔凿花活”。石雕常见于须弥座、石栏杆、券脸、门鼓石、抱鼓石、柱顶石、夹杆石、御路踏跺等，独立的石雕制品有：石狮子、华表、陵寝中的石像生、石碑、石牌楼、石影壁、陈设座、焚帛炉等。

石雕一般分为“平活”“凿活”“透活”和“圆身”。在雕刻手法中，用凹线表现图案花纹的通称为“阴活”（或“阴的”），而用凸线表现图案花纹的通称“阳活”（或“阳的”）。

平活即平雕，它既包括在平面上做阴纹雕刻，又包括那些“地子”（“地儿”）略低，“活儿”虽略凸起，但“活儿”的表面无凹凸变化的“阳活”。所以平活既包括阴活，也包括阳活（图 4-1）。

■ 图 4-1　山西祁县渠家大院柱础

凿活即浮雕，属于阳活的范畴。它可以进一步分为“撒阳”“浅活”和“深活”。撒阳是指“地子”（“地儿”）并没有真正“落”下去，只是沿着“活儿”的边缘微微撒下，使“活儿”具有凸起的视觉效果。“活儿”的表面可有适当的凹凸起伏变化。“浅活”即浅浮雕，“深活”即深浮雕。“浅活”与“深活”都是“活儿”高于“地儿”，即花饰凸起的一类凿活。

透活即透雕，是比凿活更真实、立体感更强的具有空透效果的一类。如果透活仅施用于凿活的局部（一般为“深活”的局部），这种手法叫作“过真”。例如把龙的犄角或龙须掏挖成空透的，甚至完全真实的样子，但整件作品的类别仍然属于凿活。

圆身即立体雕刻，亦称圆雕，是指作品可以从前后左右多个方向进行观赏。

上述几种类别之间没有严格的界限，一座大的建筑中可以见到多种雕刻手法。可见，中国古建筑石雕种类丰富多样，它的魅力是无法用言语表达的，其雕刻工艺丰富多彩，精美绝伦，装饰浑然一体。石雕历史从古至今延续传承，不同时期，不同的审美追求，不同的社会环境和观念使得石雕的类型和样式风格都在不断更新变化。

第一节 石雕的起源与发展

石雕，是与石头有关的艺术，最早期是一些岩画作品。岩画创作的方法有两种：一是凿刻，二是用颜料涂抹。现在可以看到的多是前者，因为颜料不易保存。大约距今 50 多万年以前，居住在北京周口店的北京人就住在天然的山石洞里以避风寒和野兽的袭击，他们已经会使用石头做的工具去获得赖以生存的生活资料。

一、原始社会时期

人类很早就开始对石头进行加工，新石器时代出土的石刀、石斧已经具有曲线形的边、圆弧形的角，这些形态审美要素在原始的工具上已经呈现出来。北京周口店的北京人已经知道选用光滑的砾石制作装饰品，有的还在这种砾石上涂抹色彩，都是对石材进行美化的手段，用以愉悦身心。

这一时期的石雕表现题材丰富多样，基本上有两种类型：一是动物；二是人类以及狩猎活动，内容仍然离不开动物。古人能够运用十分简练的笔法，寥寥几笔就凿刻出一幅画面，这样的石刻通常是写意的（图 4-2）。在金沟屯后台子遗址中还出土了一尊石像，该石像被相关文章赋予“东方史前维纳斯”“华夏老祖母”等称号，认为这是裸体孕妇形象，是华夏母系氏族女性生殖崇拜及女神崇拜的直接证据（图 4-3）。

■ 图 4-2　连云港将军崖岩画图

■ 图 4-3　金沟屯后台子遗址下层石雕像图

二、夏商周时期

石雕艺术在我国的夏朝进入了一个崭新的时代，出土了许多精美的石雕制品，河南偃师二里头遗址中出土了许多石制工具，有石杵、石臼斧、凿等。夏朝修建城郭宫室等，筑城方法比较原始，是用卵石夯土筑成。商朝都城筑有高大的城墙，城内修建了大规模的宫室建筑群以及苑囿、台池等，还用天然卵石作宫室的柱础。河南安阳殷墟妇好墓出土的石雕有建筑装饰件，也有观赏性艺术品。商晚期石雕造型简练而抽象，风格华丽而繁缛，并且开始进入建筑艺术的行列。西周时期已经有用石块搭成的石棚。

夏商周的石雕作品遗存数量不多，主要是商代后期具有浓厚装饰风格的作品。这一时期更加盛行的，影响范围更广的还是玉雕，玉当然也是一种特别的石头，对玉器的加工雕琢，亦是对石材加工手段的探索（图 4-4、图 4-5）。

■ 图 4-4　商代玉鸮　山西省曲沃县北赵村晋侯墓地出土

■ 图 4-5　西周龙形玉牌　山西博物院藏

三、先秦两汉时期

秦汉时期，建筑技术的进步使建筑数量增多，房屋上使用石料的部分也增多了，先后出现了石柱础、石台阶、陵墓前的石阙、石柱和墓道上的石像生以及石造的地下墓室。

秦代开始，帝王陵前摆放石麒麟、石辟邪、石象、石马，大臣墓前摆放石羊、石虎、石人，石柱的石雕成了陵墓建筑的定制。有文献记载，咸阳横桥雕刻力士孟贲石像，秦始皇骊山陵刻了一对高一丈三尺的石麒麟。从中可以看出，秦代是大型的人体石雕创作的肇始，并将人体石雕用作建筑和陵园的艺术装饰。秦代石雕的形体粗犷有力，具有整体的和谐感，精雕细琢具有装饰风格。

在这里值得一提的是先秦石鼓文，石鼓共有十块，高约 90 厘米，直径约 60 厘米，鼓上文字主要记述秦国国君游猎的内容，因此又称“猎碣”，也称“陈仓十碣”（图 4-6），唐初发现于凤翔府陈仓境内的陈仓山（今陕西省宝鸡市石鼓山），使用的文字为秦始皇统一文字前的大篆（即籀文）。

■ 图 4-6　先秦石鼓文——陈仓十碣

汉代石雕艺术是中国传统石雕史上一个非常重要的时期，西汉的休养生息政策催生了风格独特的汉雕刻，东汉出现了中国建筑石雕发展史的第一高峰期。这一时期的石雕灵活使用圆雕、浮雕、线刻的表现手法，使之完全服从于石雕的造型，注重内在精神的表达。简单的几条阴刻线就能将表现对象的内在气质展露无遗。汉代石雕的存世作品较多，而且风格独特，为后世的石雕创作奠定了基础。汉代石雕艺术的应用范围是十分广阔的，最具代表性的大型纪念雕像是霍去病墓石雕、园林装饰雕塑、各种丧葬明器、画像石、墓室雕刻以及各种石雕工艺品。各种形式的石刻建筑也是汉代首创。画像石和画像砖亦是汉代石雕的代表，画像石用于装饰石阙、石祠、石墓室等。雕刻方法多采用减地平鈒和素平两种方法，也有多种手法结合在一起的雕刻（图 4-7）。

(a) 石虎侧面像

(b) 石虎头部像

■ 图 4-7　汉代石虎　山西太原纯阳宫

汉代石雕值得注意的还有石阙（图 4-8），这是一种放置于建筑入口处表示威仪和等级的建筑，分为宫阙、城阙、墓阙。到东汉时期，社会不安定，“事死如事生”的厚葬风气盛行，人们相信死后还能如生前一样享用世间浮华，所以才肯这样投入精力、财力。为使墓穴

(a) 四川雅安高颐阙

(b) 梁思成所绘制的高颐阙手稿

■ 图 4-8　石阙

坚固耐久，多使用较好的石料构筑框架，并在石材外表雕以历史故事、植物、动物，或把墓主人生前的生活场面记录下来，石兽、石阙等都是为逝者置放的。梁思成在《中国雕塑史》中曾赞叹道："石阙、石碑，盛施雕饰，以点缀墓门以外各部。遗品丰富，雕工精美，堪称当时艺术界之代表。即是之故，在雕塑史上，直可称两汉为享堂碑阙时代，亦无不当也。"

四、三国两晋南北朝时期

东汉桓帝既信佛教也信道教，在皇宫中铸老子像及佛像，是中国雕铸佛像的开始。佛教在东汉时期传入中国，魏晋南北朝时社会动荡，佛教与中国本土文化融合，从而影响着中国社会经济政治与文化的发展。石刻艺术不仅是宗教精神的象征，也是各种社会生活的再现，因此魏晋南北朝的石雕内容非常广泛，这在建筑石雕上反映得尤为充分。建筑艺术是一种综合性极强的艺术，其中石雕的工艺占有极其重要的地位。石雕主要分为陵墓石刻与石窟雕塑两大类型。

三国时期的石刻十分稀少。除魏国的三体石经（西安有一块《尚书·梓材》残石。该石经因为采用篆、隶、古文三体写刻，又被称作"三体石经"）残石外，尚未发现三国时期的新石刻材料。三国时期石雕艺术并不兴盛，留存的遗物很少，这与当时战争频繁、民生凋敝，经济文化都受到极大破坏的历史状况有关。魏武帝从保护民力出发，曾下令采取禁碑的措施。

晋代，仍然禁止立碑。留传至今的晋代石刻较少，说明晋代的禁碑措施起了一定的作用。河南洛阳偃师出土的《大普龙兴皇帝三临辟雍碑颂》是难得的一件保存完好的晋代大型碑刻。

魏晋南北朝是我国建筑石雕装饰的一个重要转折时期，它上承秦汉，下接隋唐，在两大高峰期中间起着纽带作用。石刻艺术可谓登峰造极，无与伦比，这在开凿大型石窟及其造像，以及精雕细琢的形象处理和装饰构图上，都有充分的表现。此时期的民族大融合，外来文化的传入，孕育着石雕技艺新的发展方向。南北朝建筑构件的形象，与汉代相比是一种更为柔和精丽的风格，柱础出现覆盆和莲瓣两种形式，柱式也风格各异，其目的都是为了增强观者视觉上的美感。同时，通过对石雕形式的观察，我们也可体会到当时佛教造像与绘画在表现风格上的一致性。六朝的城市规划和城市建筑雕塑上面也有很多融会贯通的地方，一些表现喜庆、丰收，代表财富的石雕成为城市建设的主要元素。

南朝石雕仍承袭汉代做法，石雕多置放于墓前，有一对或多对。题材多为麒麟等神兽，或亦狮亦虎等想象中辟邪的动物。这种石雕一般比较庞大，姿态宏伟，整体感也较强。在封建社会，皇帝们固然各有雄才大略，但大多生前不断巩固自己的地位，死后营建一个豪华的墓葬。据调查，在今南京附近的江宁、句容、丹阳等地有许多帝后王侯的陵墓，但保留已不完整，其中最古老的是宋文帝陵前的两具石兽，仅存其一。南朝陵墓石刻成就最大的是麒麟、辟邪、天禄这样的神兽雕刻。封建时代的帝王们会将自然界的一些东西变异附会成王者的德行之兆。譬如说"麒麟"表示王者的仁政，在他们的陵墓上放置麒麟，也就合乎解释了。"辟邪"也是古代传说中的一种神兽，似狮而带翼。将辟邪置于墓葬，以辟邪恶，应当是自然不过的事。"天禄"是中国古代神话传说中的神兽，似鹿而长尾，一角者为天禄，二角者为辟邪，可攘除灾难，永安百禄。石柱亦称"神道碑"，流行于南朝的陵墓。石柱的柱首为圆盖或莲花座式，上立一辟邪状的小兽；中部为圆形柱身，刻瓦楞直线形条纹，在柱身的上部嵌一扁方形的石额（小神道碑），上刻墓主人某某之神道，其下方的石上刻怪兽。柱础分两层，上层刻口内含珠、有翼的怪兽，下层为四面刻有动物形象的浮雕方石。如梁朝萧景墓前的石柱，保存比较完好。柱础为双鸱衔珠，呈环状形，柱身饰二十多道瓦楞纹；石额上刻楷书“梁故侍中中抚将军府仪同三司吴平忠侯萧公之神道”，石额下有三力士用手相承，其下有绳索纹及交龙纹饰。柱头为一小辟邪，伫立在覆莲圆盖上。这种莲座形的装饰，显然是受到佛教的影响。

北朝在中国历史上，是第一次大规模的外来文化进入期，统治阶级及其一般百姓都受到震撼和影响。北魏统治者为了巩固统治借助了佛教力量，佛教由此获得了很大的发展，并涌现出了一系列辉煌的佛教建筑，也表现出佛教在当时的盛况。这一时期我国的雕塑艺术以表现佛教题材为主，雕塑风格显得富丽庄严，形成“云冈模式”，也成为后期开凿石窟所参考的典范。东自辽宁万佛堂石窟，西到陕、甘、宁各地的北魏石窟，无不有云冈模式影响的痕迹，这正是云岗石雕的价值所在，在中国石雕史上有着无上的地位。石窟与石雕乘势兴盛起来（图 4-9）。

(a) 大同云冈石窟佛头像

(b) 大同云冈石窟雕刻

■ **图 4-9　大同云冈石窟佛像**

云冈石窟石质松软，当时的工匠可能看中的就是石质松软较易雕刻，但给石雕作品的长久保存带来了较多的困难。云冈佛像大致可分为两派：印度派（或称南派）与中国派（或称北派）。南派得外来之形而难得其神（图 4-10）。北派雕饰甚为精美，尤其是对衣褶的处理，是中国雕塑史上最重要的发明之一，对后世影响极大。其特征为简单有力的衣褶纹，外廓如张紧的弓弦，角尖如翅膀，在左右翅膀般的衣裙之间，还别有二层或三层衣褶，平柔而直垂。

北魏孝文帝太和十八年迁都洛阳，同时开始凿建龙门石窟。龙门地处洛阳南 12.5 千米，亦名伊阙。龙门石窟的龛窟布置与云冈石窟大略相同，但是石料坚硬细腻，因此作品的完美程度在云冈石窟之上，但今所见毁坏情况较云冈严重。

北齐、北周佛教艺术的石雕创作风格有所变化，手法由原来的程式化多运用线条，渐渐发展成立体雕刻。佛像身躯渐圆，在衣褶处理上仍然保持前期风格，衣纹层次极有韵律。这个时期是向隋唐的过渡期，与北魏造像上小下大，肩窄头小的造型相比，北齐造像则呈现上大下小、韵律迟钝、手足笨重、轮廓无曲线、上下垂直的特点。北周武帝时期断佛、道二教，所有佛塔寺庙造像悉数尽毁。

■ 图 4-10　释迦坐像　大同云冈石窟第 20 窟

■ 图 4-11　隋代释迦坐像　山西博物院藏

五、隋唐时期

隋代虽处承袭周齐的过渡时期，但也不乏一些精彩作品。这一时期石雕的主要类型有佛教石雕和陵墓石雕、明器雕塑，尤其是佛教造像作品数量庞大。佛教石窟中有代表性的是甘肃敦煌莫高窟、麦积山石窟，河北邯郸响堂山石窟、山东济南玉函山石窟、山东益都驼山石窟、云门山石窟等。这一时期石窟造像的最主要特点是人物造型体态健硕，头部丰满，五官刻画仔细，双线代眉而弯曲细长，面露微笑，已有个性显现。对人体的塑造能力较前代有进步，体态轮廓呈椭圆形，自腰部及肘部向上下展出，于足部及头部向内收缩，衣褶的主要线纹方向相随，胸前背后及至头部线纹也是如此，表现出一种极为纯粹的调和之美与幽静的状态。这些造像所表现出的过渡时期的特点是一部分造像已经开始成为唐风的先导，与唐代风格相当接近；另一部分造像则表现出种种不成熟的地方，如上粗下细，头大身小，臂长脚短（图 4-11）。

■ 图 4-12　敦煌莫高窟第 427 窟中央塔柱前侧的一佛二菩萨

敦煌莫高窟第 427 窟中央塔柱前侧的一佛二菩萨就是明显一例（图 4-12），这三尊隋代造像头大、颈粗、脸形丰满，略呈长方形，显得异常厚重。龙门石窟、山东益都驼山石窟的同期造像也与之相似。

乾陵石刻组合及其艺术成就，在古代陵

邑制和雕塑史上都具有十分深远的影响，事实上唐中晚期、五代、宋乃至周边地方政权的陵墓石刻，都是仿乾陵石刻而建制的。这些作品伟岸雄浑、刻工圆熟，在高大的陵墓前伸展，其恢宏气势恰如其分地衬托出了帝王的勋业及其庄严神圣的凛然姿态。

中唐以后的帝陵石刻无法与盛唐时期的石雕比拟，石雕形象已失去昔日的雄风。晚唐帝陵只有陵前石刻稍具规模。汉唐以来，贵族在陵墓设置石刻群雕的风气也影响到了周边的少数民族地区。

隋唐石刻艺术的伟大，主要还是集中地表现在建筑物上的广泛运用。在南北朝时期，佛塔是寺庙组群的中心建筑，到了唐朝，它虽然失去中心地位，但仍不失为佛寺的重要组成部分，其庄严劲健的造型，还是衬托公共建筑和都市景观的依凭。唐代佛塔以砖塔为多，石塔就成了凤毛麟角，其代表作有唐乾符四年建造的明惠大师塔。

唐代是中国封建社会的繁盛时期，造像的笔意及取材，都融入更多的日常生活情景，有世俗化倾向。唐代帝王陵墓未被发掘，墓室内石雕装饰景象无法得知。陵墓雕刻昭陵六骏，是唐太宗在征战中先后乘骑过的六匹骏马，为了追念曾与自己生死与共的这些生灵，他特命人把它们刻制成石屏式的浮雕，并亲自撰词（图 4-13）。

(a) 唐乾陵圆雕石马

(b) 唐乾陵浮雕石鸵鸟

■ 图 4-13　唐乾陵石雕

六、两宋时期

北宋建立政权后，政府采取有力措施恢复战争的创伤，社会经济与文化复苏，在艺术上也形成了该时代特有的格局。因道教的复兴也遏制了佛教文化的发展，文学和艺术中反映市民生活的内容日渐增多。影响到造型艺术，也使其丧失了前代雄奇伟岸的气派，形成工整、细致和柔美的样式风格。

宋代帝王陵墓的石雕，形式上几乎完全依照唐代乾陵，具五代遗风，但尺度与规模均不及汉唐。宋陵石刻早期形象略带夸张，强调气韵，注重写实，生动性减弱；人物端详，面容丰腴平和，缺乏动感。尽管如此，深厚的传统技艺功力，还是能使雕刻家摆脱程式化的束缚，在不同形态的石雕造型中融入个人的独创性及其内心的情感。中国古碑碣自汉代以来，时兴在碑上雕镂各种花纹图案，宋陵的瑞禽碑就是其中的佼佼者。其石面正中刻有劲健矫捷的神鸟，姿态各异。

五代至宋，南北各地仍在修筑大量的石券桥，至金代北京卢沟桥的建成，又创古代石桥装饰石雕艺术的奇观。它们虽然分属于不同的时期，但归根结底都是佛教石刻艺术对中国古建装饰雕刻产生的影响。

宋代建筑比唐代建筑更加秀丽而富于变化，产生了形式更为复杂的殿阁楼台，在装饰、装修等方面更为讲究，这就使得石雕艺术在建筑中的运用更加广泛，技艺也更为精湛，形式更为丰富多彩。

宋以后的佛塔多为砖石结构，引人注目的是佛教石经幢的兴起。公元 7 世纪后半期随着佛教密宗的东传，佛教建筑中有了新形式——经幢。陕西富平永昌元年的经幢是较早的遗物。

石刻经幢多立于佛殿之前，因而对衬托华丽庄严的佛教建筑起到一种画龙点睛的作用，其造型之美与佛塔皆在伯仲之间。从唐代起，经幢就逐渐采用多层形式，还以须弥座与仰莲承托幢身，雕刻也日趋华丽。五代至宋经幢建筑的发展达到鼎盛阶段，现存宋代石刻经幢中最著名的是河北赵县宝元年建造的经幢[1]。

当时建筑的柱式也极为讲究，形式多样，有圆形、方形、八角形，还有瓜棱形。这些石柱上，往往雕镂各种精美的花纹图案。如宋代登封少林寺初祖庵的石柱就刻画了佛教神人的形象（图 4-14）。殿内外诸柱皆为八角石柱。外檐柱十二根，雕卷草式芙蕖，内杂饰人物、飞禽之类。宋代苏州罗汉院回廊的柱础，造型优雅，二方连续的卷草纹精美异常。金代曲阳八会寺的合莲卷草重层柱础也精美异常。此外，雕刻狮子和力神的石柱更是令人叹为观止。

■ 图 4-14　少林寺初祖庵的石柱

宋朝柱础的式样变化更多，雕刻也更加纤细，但仍以莲花瓣覆盆式为主要的通行式样。柱础雕刻开始着重在宫室及寺庙方面发展。

---

[1] 张道一. 砖石精神——南朝陵墓石雕和陶塑艺术. 东南大学学报（哲学社会科学版），2002（3）：143-148.

七、元明清时期

元代统治者死后都被运回原籍治丧，由于习俗不同，不置陵墓石雕；而元代寺庙虽有佛像，但以泥塑为多，也因其民族性格，柱础喜用简洁的素覆盆，不加雕饰，这就造成石雕艺术的衰落。明朝最初建都南京，后迁北京。文化艺术有追溯唐、宋风格的迹象。在元代的基础上，以简化、单纯的形式稍作雕饰，但图案则崇尚简朴。圆柱形、圆鼓形及上宽下窄、肩部凸出的变体圆鼓形柱础，均为清代早期的流行风格。明代值得注意的是建筑装饰性石雕。中国古代建筑经常对台基、塔座、柱头、踏跺和牌坊等石构件添加装饰性石雕。这种装饰做法到了明代臻于成熟。

十三陵在总体风格上，虽有比较精细的技术处理，但与前代比较，缺乏艺术活力，有概念化的倾向。明陵入口处的大石牌坊，是一座仿木结构的石牌坊。它是一种建筑装饰性石雕，气势雄伟，由多块巨大的白石衔接而成，共有五门六柱十一楼。民居中也大量存有石雕，比如山西民居建筑的柱础、门前石狮等。

清军入关后，帝王陵分别建在河北遵化和易县，亦称“东陵”和“西陵”。清代十分重视宫陵的仪卫性雕刻，代表作有天安门前金水桥南北两侧的巨型石狮，其特点是大头阔口，躯肢粗壮，作蹲踞姿态。

第二节 石雕刻制加工工艺

一、平活

石雕技艺主要以家传、师传和自学方式进行传承。艺人雕刻时一般都不绘制草图，也不事先制作小样，选好毛石料后，图案简单的，只用木炭简单勾画一下就直接雕刻，一锤一凿皆运用自如。图案复杂的，可使用“谱子”（图 4-15），画出纹样后，用錾子和锤子沿着图案线凿出浅沟，这道工序叫作“穿”。如为阴纹雕刻，要用錾子顺着“穿”出的纹样进一步把图案雕刻清楚、美观。如果是阳活类的平活，应把“穿”出的线条以外的“地子”落下

■ 图 4-15 石雕起谱子

去，并用扁子把“地子”扁光，或用尖錾子在“地儿”上做錾点处理，最后把“活儿”的边缘修整好。

二、凿活

（一）绘

较复杂的图案应先画在较厚的纸上，这称为“起谱子”。然后用针顺着花纹在纸上扎出许多针眼来，这叫作“扎谱子”，然后把纸贴在石面上，用棉花团等物沾红土粉在针眼位置不断地拍打，这称为“拍谱子”。经过拍谱子，花纹的痕迹就透过针眼留在石面上了，为了能使痕迹明显，可预先将石面用水洇湿。拍完谱子后，再用笔将花纹描画清楚，这叫作“过谱子”。过完谱子后要用錾子沿线条“穿”一遍，然后就可以进行雕刻了。简单的图案也可在石面上直接画出，无论哪种画法，往往都要分步进行，如果图案表面高低相差较大，低处图案应留待下一步再描画，图案中的细部也应以后再画。画好后将最先描画出的图案以外多余的部分凿去，并用扁子修平扁光，低处图案也是先用笔勾画清楚，再将多余的部分凿去并用扁子修平扁光，然后用錾子和扁子进一步把图案的轮廓雕凿清楚。如果在雕凿过程中已将图案的笔迹凿掉，或是最初的轮廓线已不能满足要求时，应随时补画。

（二）打糙

打糙是根据“穿”出的图案把形象的雏形雕凿出来，也叫“打粗坯”“开大荒”（图 4-16）。

■ 图 4-16　石雕打糙

（三）精雕细铲

精雕细铲是在已经“出糙”了的基础上，打到离形体 1 厘米左右，也叫“开小荒”，然后将多余部分去掉，重点刻画形象和找准形体的起伏结构等细微变化。这一环节是对作品进行艺术处理的重要阶段，需要用錾子或扁子耐心地进行精雕细刻。图案的细部（如动物的毛发、鳞甲）也应在这时描画并“剔撕”出来。“见细”这道工序还包括将雕刻出来的形象的边缘用扁子扁光修净（图 4-17、图 4-18）。石头没有美玉翡翠华丽的外衣，却在匠人的一锤一凿间变得千姿百态而活灵活现，妙趣横生而美不胜收。

■ 图 4-17　石雕见细

■ 图 4-18　石雕细铲

（四）磨光

在打细石雕的基础上，用研磨材料进行打磨、抛光，根据艺术效果有的全部通体打磨，凸显石材的质感，提高作品的艺术感染力（图 4-19）。

■ 图 4-19　石雕磨光

在实际操作中，以上几道工序不可能截然分清，常常是交叉进行。在雕刻过程中，应随画随雕，随雕随画。

三、透活

透活的操作程序与凿活近似，但“地儿”落得更深，“活儿”的凹凸起伏更大。许多部位要掏空挖透，花草图案要“穿枝过梗”，由于透活的层次较多，因此“画”“穿”“凿”等程序应分层进行，反复操作。为了加强透活的真实感，细部的雕刻应更加深入细致。

四、圆身

圆身的石雕作品由于形象各异，手法和程序难于统一。这里仅以石狮子为例说明圆身做法的操作过程。

（一）出坯子

根据设计要求选择石料，包括石料的材质、色泽和规格等。石狮子分为两个部分，下部是须弥座，上部是蹲坐的狮子。官式做法的石狮子各部比例为：石须弥座高与狮子高之比约为 5∶14，须弥座的长、宽、高之比约为 12∶7∶5，狮子的长、宽、高之比约为 12∶7∶14。与比例不符的多余部分应劈去。

在传统雕刻中，石狮子等圆雕制品最初往往不经过详细描画，一般只简单确定一下比例关系就开始雕凿，形象全按艺人心中默想的去凿做。细部图案待凿出大致轮廓时才画上去。因此画与凿的关系可以说是“基本不画，随凿随画”。

（二）凿荒

凿荒又叫“出份儿”。根据各部比例关系，在石料上弹划出须弥座和狮子的大致轮廓，然后将线外多余的部分凿去。

（三）打糙

画出狮子和须弥座的两侧轮廓线，并画出狮子的腿胯（画骨架），然后沿着侧面轮廓线把外形凿打出来，并凿出腿胯的基本轮廓。凿出侧面轮廓以后，接着画出前、后面的轮廓线，然后按线“分出”（凿出）头脸、眉眼、身腿、肢股、脊骨、牙爪、绣带、铃铛、尾巴等。凿出须弥座的基本轮廓之后还要凿出“崽子”（小狮子），滚凿绣球，凿做“袱子”（即包袱）。

坯子凿荒和打糙时都应先从上部开始，以免凿下的石碴将下部碰伤。

（四）掏挖空当

进一步画出前、后腿（包括小狮子和绣球）的线条，并将前、后腿之间及腹部以下的空当掏挖出来，嘴部的空当也要在这时勾画和掏挖出来。

（五）打细

在打糙的基础上将细部线条全部勾画出来，如腹背、眉眼、口齿、舌头、毛发、胡子、铃铛、绣带、绣带扣、爪子、小狮子、绣球、尾巴、包袱上的锦纹以及须弥座上的花饰等。然后将这些细部雕凿清楚。不能一次画出雕好的，可分几次进行。

最后用磨头、剁斧、扁子等将需要修理的地方整修干净。

第三节 石雕在建筑上的应用

石雕作为建筑的主要构件和装饰要素主要表现在建筑入口至各个局部，如台基、石柱础与门枕石、上马石、拴马石、石栏杆、踏跺等部位。

一、基座、石栏杆、台阶

（一）基座

基座处于建筑和其他陈列物的下方，包括房屋下的台阶、月台、露台，祭神之处的露天祭台、佛像、狮子、日晷等陈列物的底座等，传统观念里，基座高低也成为衡量建筑等级的标准。

各类建筑下的基座，简单的是一层不高的方方正正的平台，表面平素无雕饰。宫殿建筑和一般大式建筑基座大多采用须弥座形式（图 4-20）。除此以外，须弥座还可用于基座类的砌体，如月台、平台、祭坛、佛座乃至陈设座等。重要宫殿建筑的基座，常由普通台基和须弥座复合而成，或做成双层须弥座。极重要的宫殿建筑甚至做成三层须弥座，这种形式的须弥座称“三台”或“三台须弥座”。三台，典出“泰阶”，泰阶，星名，又名三阶，即三台。泰阶共 6 颗星，排列如阶梯状。古人解释为“泰阶者，天之三阶，三阶平则阴阳和，天下平”，故帝王须“位列三台”。

■ 图 4-20　清式须弥座

1. 石须弥座的基本构成

石须弥座由下列分件构成（自下而上）：土衬、圭角、下枋、下枭、束腰、上枭和上枋。如果高度不能满足要求时，可将下枋和上枋做成双层，必要时还可将土衬也做成双层，但应有一层土衬全部露明。坐落在砌体之上的须弥座，可不用土衬石。

须弥座各层的名称虽然不同，但在制作加工时，却可由同一块石料凿出，即所谓的“联办”或“联做”。在实际操作中，一块石头能出几层应根据石料的大小及操作上的便利来决定。

2. 石须弥座上的雕刻

在须弥座上雕刻花活，按其繁简程度可归纳出三种形式（图 4-21）。

① 仅在束腰部分进行雕刻，这种形式最常见。

② 雕饰的幅度比第一种有所扩展，一般是在束腰和上枋这两个部位进行，但有时也在束腰和上、下枋三个部位上进行。

③ 所有部位均做雕饰。

显然，在这三种装饰方法中，以第三种最为华贵。

无论雕刻的程度多么简单，乃至不做雕刻的须弥座，圭角部位都要雕刻如意云的纹样（图 4-22）。

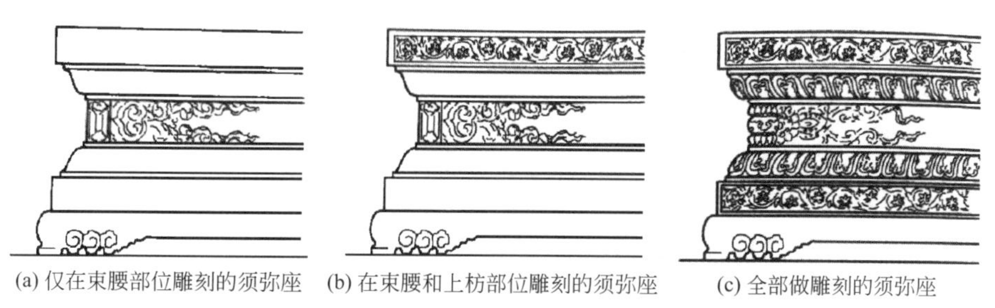

(a) 仅在束腰部位雕刻的须弥座　(b) 在束腰和上枋部位雕刻的须弥座　(c) 全部做雕刻的须弥座

(d) 北京万寿寺须弥座

■ 图 4-21　清式须弥座雕刻部位

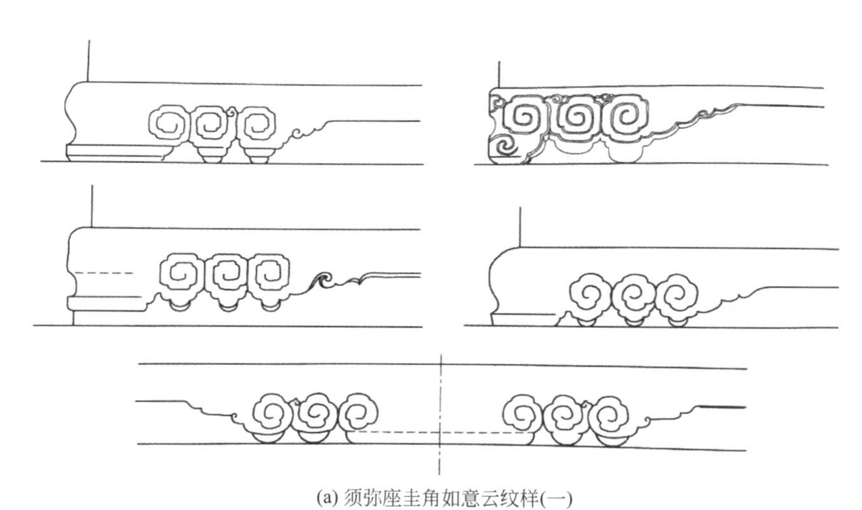

(a) 须弥座圭角如意云纹样(一)

(b) 须弥座圭角如意云纹样(二)

■ 图 4-22　石须弥座圭角上的如意云纹样

束腰部位的雕刻图案以“椀花结带”为主，即以串椀状的花草构图，并以飘带相配（图 4-23）。庙宇中的须弥座，还可在束腰部位雕刻“佛八宝”等图案。

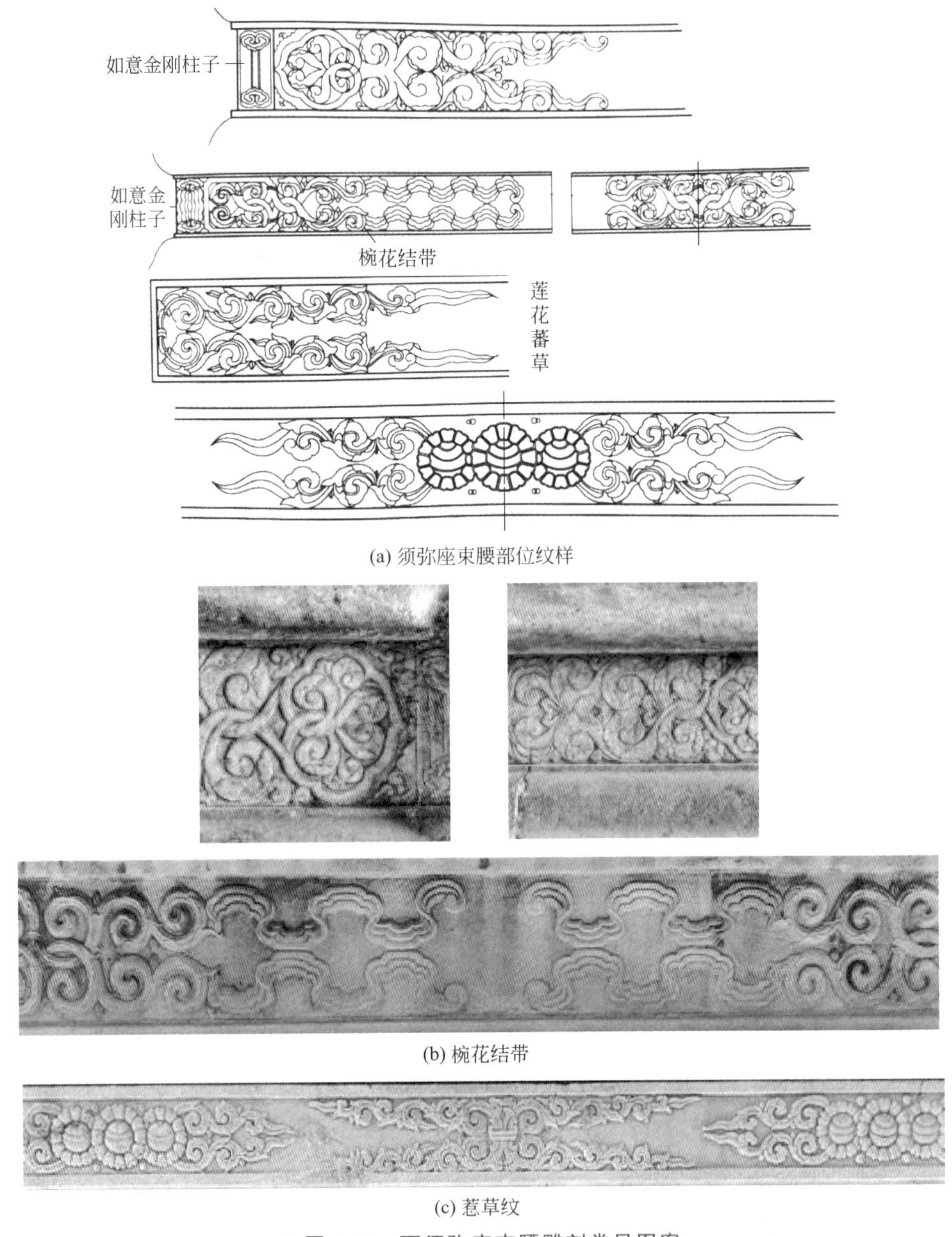

(a) 须弥座束腰部位纹样

(b) 椀花结带

(c) 惹草纹

■ 图 4-23　石须弥座束腰雕刻常见图案

须弥座的转角处，通常有三种做法：第一种是转角不做任何处理；第二种是在转角处使用角柱石（又叫金刚柱子），阳角处的叫“出角角柱”，阴角处的叫“入角角柱”；第三种是在转角处做“马蹄柱子”，俗称“玛瑙柱子”或“金刚柱子”（又叫“如意金刚柱子”），也可以不做特殊雕刻（图 4-24、图 4-25）。庙宇中的须弥座，或与佛教有关的石碑上的须弥座，还可在束腰的转角处雕凿“力士”的形象（图 4-26）。

上、下枭的雕刻多为“巴达马”，俗称“八字码”，巴达马是梵文的译音，意为莲花（图 4-27）。

(a) 须弥座转角的玛瑙柱子

玛瑙柱子
玛瑙柱子
马蹄柱子
(玛瑙柱子)
椀花结带

(b) 须弥座转角的玛瑙柱子图案造型

■ 图 4-24 须弥座转角处理（一）

(a) 须弥座转角的玛瑙柱子

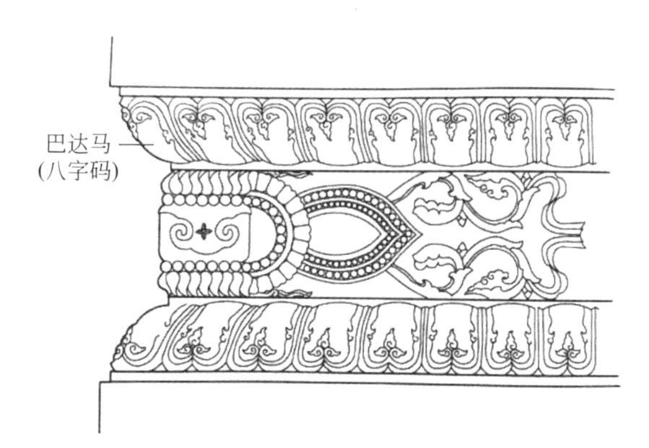

(b) 须弥座上下枭、束腰和转角玛瑙柱子图案造型

■ 图 4-25 须弥座转角处理（二）

(a) 须弥座转角的力士形象(一)

(b) 须弥座转角的力士形象(二)

■ 图 4-26 须弥座转角处理（三）

在古建筑雕刻图案中，巴达马与莲瓣的形象有很大区别。莲瓣为尖形花瓣，花瓣表面不做其他雕刻，而巴达马的花瓣顶端呈内收状，花瓣表面还要雕刻出包皮、云子等纹样。虽然巴达马和莲瓣都可以作为须弥座上的装饰，但对于石制的须弥座来说，上下枭雕刻更多采用

■ 图 4-27　石须弥座上、下枭雕刻的巴达马

的是巴达马的式样。

上、下枋上的雕刻图案以宝相花、蕃草（卷草）及云龙图案为主（图 4-28）。

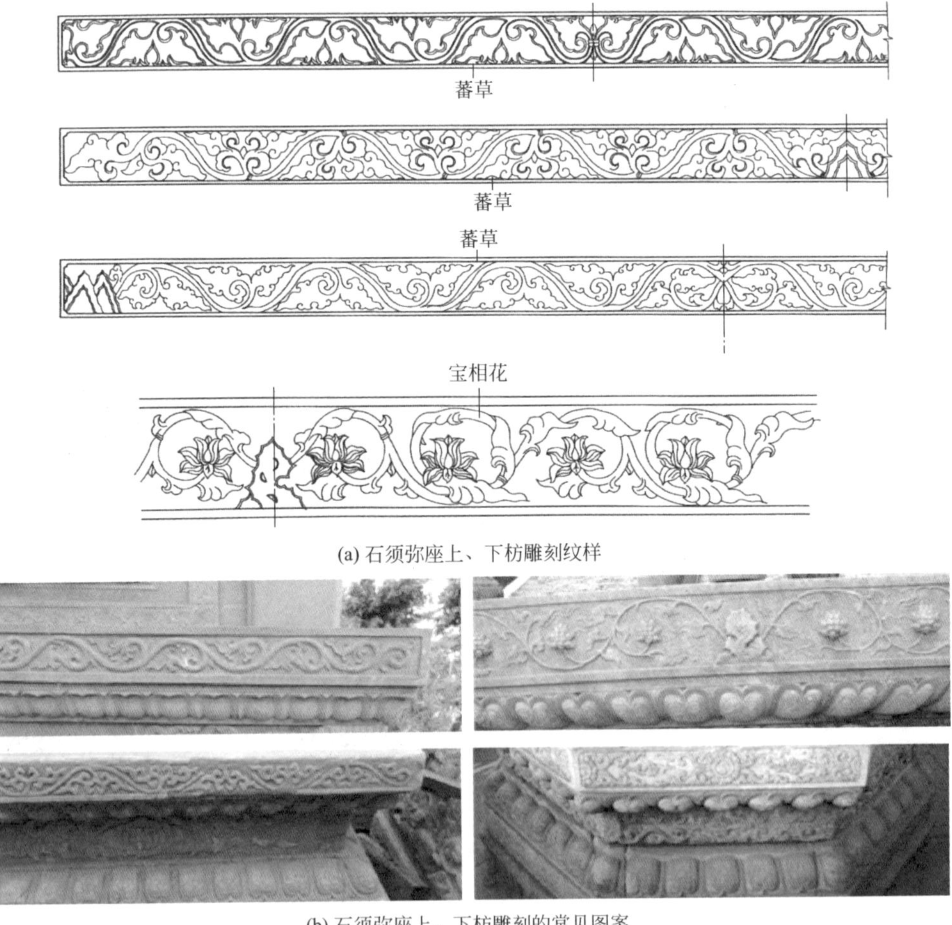

(a) 石须弥座上、下枋雕刻纹样

(b) 石须弥座上、下枋雕刻的常见图案

■ 图 4-28　石须弥座上、下枋雕刻形象

须弥座最初的式样无实物可考，在山西大同云冈石窟中可以见到佛像下面有一种基座，它的形式是上下较宽，中间较细，呈人体束腰形向内收缩，外形似工字，应是中国早期须弥

座形式的来源。

上类标准的装饰在北京紫禁城，明、清皇陵和颐和园等官式建筑或陈设物的基座上都能见到，只是有的束腰部分除绶带外还加了一些动植物的形象，在技法上也有浮雕与浅雕之分。

各地的建筑，它们之间既有类型、大小的区别，也有各种形式的露台和各种陈列物，使用从形式到尺寸都规范化的同一种须弥座必然会遇到矛盾。古代工匠根据实际情况对须弥座形式与尺寸都进行了某些修改，创造出了不少成功的范例。须弥座高度也有很低的，例如寺庙、宫殿内香炉的基座。常见的方法是把须弥座的束腰部分压低。有时压到上下枋几乎相贴，这也应视为须弥座的一种变体。

在宋官式须弥座中，上枋的雕饰内容比单纯的卷草纹复杂，有植物的枝叶与花朵，还有飞禽瑞兽。束腰部分比清式须弥座高，其上有束柱和壶门的装饰，束柱是上下枋之间的短柱，除了在束腰的四个角上还均匀排布在长向的束腰上。还有一种是凹入束腰壁体的小龛，多在壶门内放一座小佛像或其他人物雕像。在众多的实例中，束腰上的束柱出现了多种形式，常见的有动物与人物的形象。众多实例中，须弥座除束腰部分外，上下枋和圭角部分装饰都比较简单，多用卷草、莲瓣组成的浅雕边饰，但也有例外的。

北京西黄寺金刚宝座塔下部的大型须弥座，从上枋至圭角遍体满布雕饰：分为两层的上枋用凸起的动物、花朵雕刻代替了浅平的卷草边饰；翻卷的云纹替代了上枭的莲瓣；下枭的莲瓣上加了浅雕花饰而成了宝装莲花；加高了的束腰上用金刚作角神，其间的大幅画面上雕的是释迦牟尼佛八相成道的故事，人物众多，场面宏大，雕刻细致；最底下的圭角部分雕满用卷草纹和瑞兽形象组成的边饰（图 4-29）。

(a) 北京西黄寺金刚宝座塔石须弥座

(b) 须弥座束腰细节

■ 图 4-29　北京西黄寺金刚宝座塔大型须弥座

3. 石须弥座上的吐水兽

带龙头的须弥座即在须弥座的上枋部位、栏板望柱的柱子之下，安放挑出的石雕龙头。

此处的龙头又叫螭首，俗称吐水兽。四角位置的龙头称为大龙头或四角龙头，其他的龙头称为小龙头或正身龙头。须弥座若带龙头，也必须带栏板柱子，转角处必须为角柱（金刚柱子）做法。带龙头的须弥座只用于极重要的宫殿建筑中（图 4-30）。

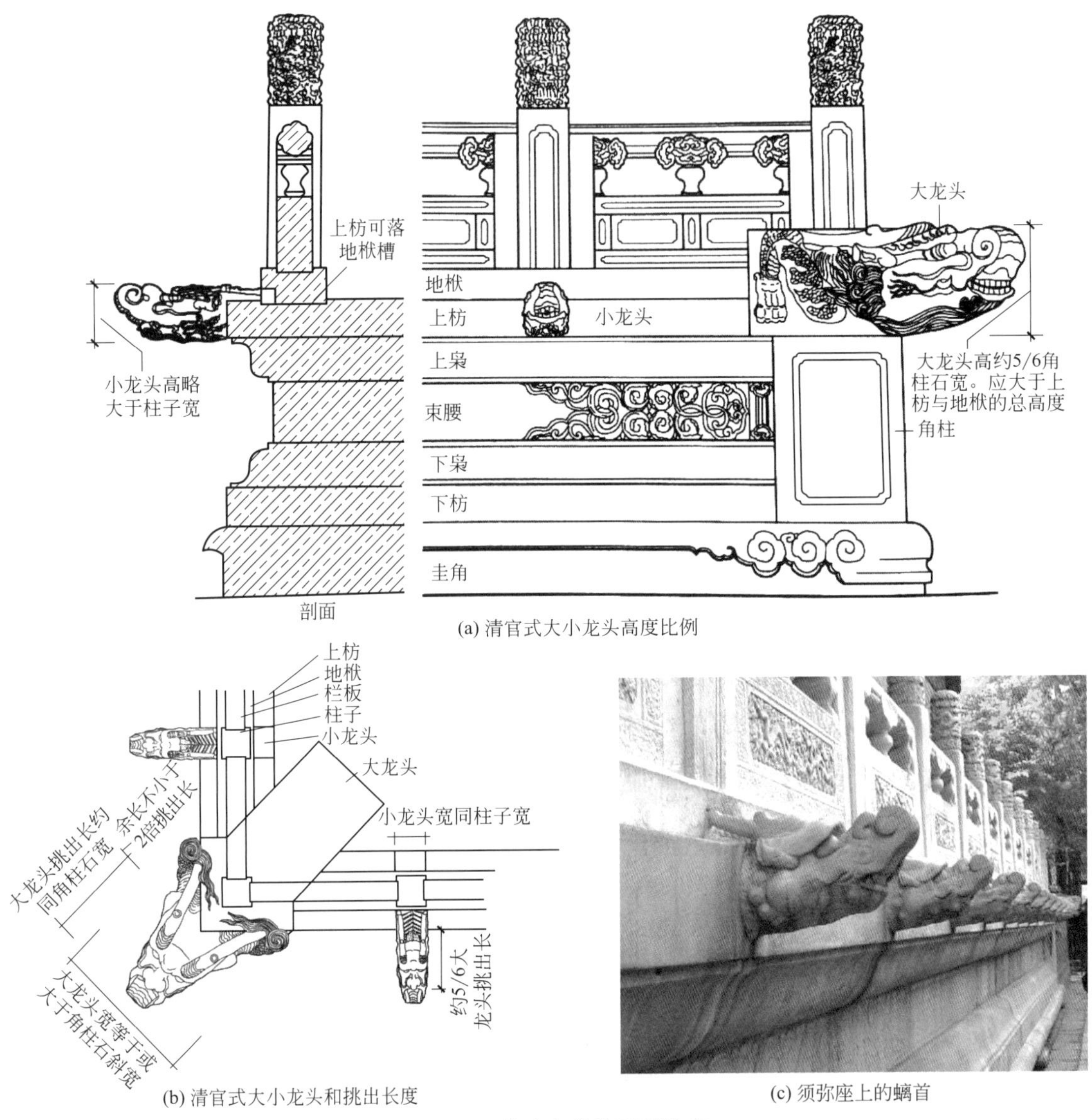

(a) 清官式大小龙头高度比例

(b) 清官式大小龙头和挑出长度

(c) 须弥座上的螭首

■ 图 4-30　带吐水兽的石须弥座

（二）石栏杆

石栏杆即栏板柱子，又叫“栏板望柱”，栏杆在宋代称“勾阑”。栏板柱子既有拦护的实用功能，又有使建筑的形体更为丰富的装饰作用。栏板柱子多用于须弥座式的台基上，但有时也用于普通台基上。栏板柱子还用于石桥及某些需要围护或装饰的地方，如华表周围、花坛、水池四周等。

栏板柱子由地栿、栏板和望柱组成。台阶上的栏板柱子由地栿、栏板、望柱和抱鼓组成。台阶上的栏板柱子因在垂带上，故称为“垂带上栏板柱子”，分别有“垂带上柱子”“垂带上栏板”和“垂带上地栿”，也称“斜柱子”“斜栏板”和“斜地栿”。台基上的栏板柱子与垂带上的栏板柱子相对应的叫法是“长身柱子”“长身栏板”和“长身地栿”。

1. 栏板

望柱与望柱之间的栏板，是整个石栏杆中所占面积比例最大的部分，也是石雕工艺装饰的重点部位。

清官式做法中栏板的式样可分为禅杖栏板和罗汉栏板两大类，禅杖栏板因扶手形似禅杖而得名，禅杖栏板又称寻杖栏板、得杖栏板。寻杖栏板的名称源自木栏杆，而“寻杖”又从“寻丈”变化而来。在宋代，八尺为一寻，木柱之间的栏杆长度大多在八尺至一丈之间，故称“寻丈栏杆”。寻杖栏板的雕刻式样可分为透瓶栏板和束莲栏板两类。

在各种式样的栏板中，以禅杖栏板（寻杖栏板）较常见。禅杖栏板中又以透瓶栏板最常见。透瓶栏板由禅杖、净瓶和面枋组成。禅杖上要起鼓线。净瓶一般为三个，但两端的只凿做一半。垂带上栏板或某些拐角处的栏板、净瓶可为两个，每个都凿成半个的形象。净瓶部分一般雕刻净瓶荷叶或净瓶云子，有时也雕刻其他图案，如牡丹、宝相花等。

在各地的做法中，石雕栏杆也较常见，它属于寻杖式栏杆的变体，称为花式栏杆。山西祁县渠家大院石雕栏杆采用了浮雕与透雕的技法，装饰图案丰富多彩，凹凸不平的雕刻图案可产生光影，丰富了栏杆的层次感，石雕栏杆以其古朴厚重的装饰韵味，成为渠家大院雕饰艺术的一道风景。此栏杆全长17.5米，高1.75米，因体型高大演变为两院间的空间隔断（图4-31）。望柱柱头为形态各异的狮子，柱与柱之间的栏杆统一雕成竹节造型，栏杆心为大型透雕牡丹图案，显得雍容华贵。十根栏柱均为方形石柱，上雕神话人物、亭台楼阁、渔樵耕读、吉祥水果、花卉博古等图案，间以花卉纹、蝙蝠寿纹、万字纹等纹饰，雕刻工艺精湛，青石质感厚重，显得古朴庄重。

■ 图4-31　山西祁县渠家大院石勾栏

抱鼓位于垂带上栏板柱子的下方，抱鼓的大鼓内一般仅作简单的“云头素线”，但如果栏板的盒子心内同作雕刻，抱鼓上也可雕刻相同题材的图案花饰。在官式做法中，抱鼓的尽端形状多为麻叶头和角背头两种式样。

2. 望柱

望柱分为柱身和柱头两部分。柱身的造型比较简单。一般只落两层“盘子”，盘子又叫池子。柱头的形式种类较多，常见的官式做法有：莲瓣头、复莲头、石榴头、二十四节气头、叠落云子头、水纹头、素方头、仙人头、龙凤头、狮子头、麻叶头（马尾头）、八不蹭等（图4-32、图4-33）。地方风格的柱头更是丰富多变，如各种水果、各种动物、文房四宝、琴棋书画、人物故事等。选择柱头时应注意两点：一是在同一个建筑上，地方建筑的柱头可采用多种式样，而官式建筑的柱头一般只采用一种式样，二是选择柱头式样时应注意与建筑环境的配合，如重要宫殿大多采用龙凤头。

■ 图 4-32　清官式建筑常用望柱柱头形式

(a) 云龙柱头　(b) 云子柱头　(c) 云凤柱头

(d) 石榴柱头　(e) 石榴柱头变体　(f) 莲瓣柱头(一)

(g) 莲瓣柱头(二)　(h) 莲瓣柱头(三)　(i) 二十四节气柱头

■ 图 4-33　清官式建筑常用望柱柱头图例

（三）台阶（踏跺）

在传统营造行业中，台阶被称为“踏跺”，俗称“达度”。按做法则可分成踏跺和礓礤两大类，旧时台阶又称“阶级”，俗称“阶脚”。在古代，由于台基的高低与封建等级有关，而阶级的高低又与台基的高低相联系，以至于“阶级”一词后来演化成了意指不同社会地位的人群。

1. 垂带踏跺

两侧有“垂带”的踏跺，是常见的踏跺形式（图 4-34）。

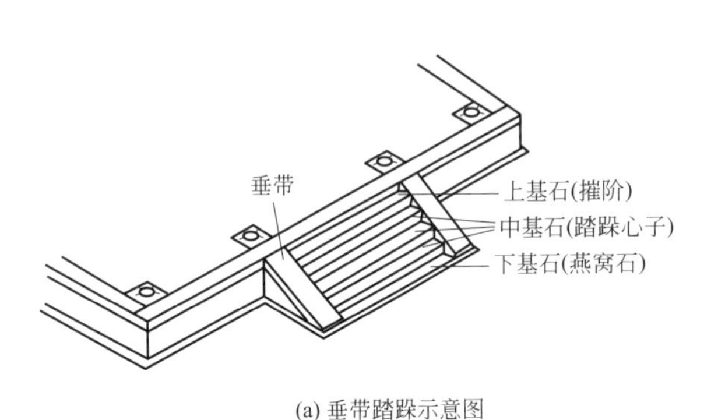

(a) 垂带踏跺示意图

(b) 北京四合院垂花门前的垂带踏跺

■ 图 4-34　垂带踏跺

2. 如意踏跺

不带垂带的踏跺，从三面都可以上人，是一种简便的做法（图 4-35）。

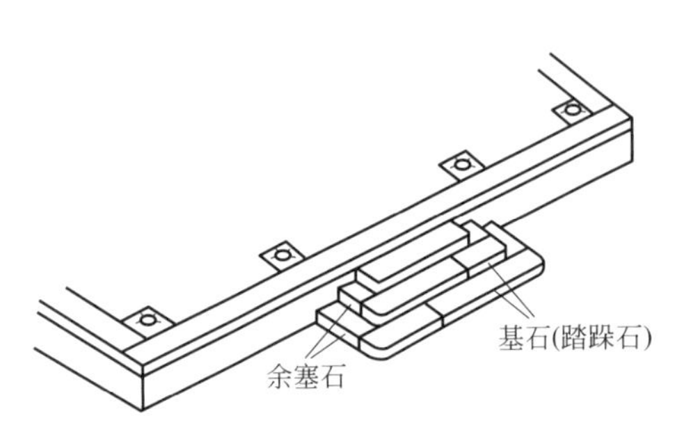

(a) 如意踏跺示意图

(b) 条石砌如意踏跺

■ 图 4-35　如意踏跺

3. 御路踏跺

带御路石的踏跺，仅用于宫殿、寺庙建筑（图 4-36）。御路踏跺这种形式的出现与早期建筑的两阶制有关。所谓两阶制是宋代以前的殿堂式建筑将台阶分成左右两个，左边的称“阼阶”。阼阶为上，供主人行走，“东道主”一词即由此而来。后来在左右两个台阶中间空出的地方，用石料做成一个形状与垂带相同但宽于垂带的石活，并与两旁的台阶之间留出一段空当。再经过后世的演变，中间石与左右台阶连在了一起，并增加了雕刻。由于这块石料正对着地面的御路，视觉上是御路的延续，因此被称为“御路石”。

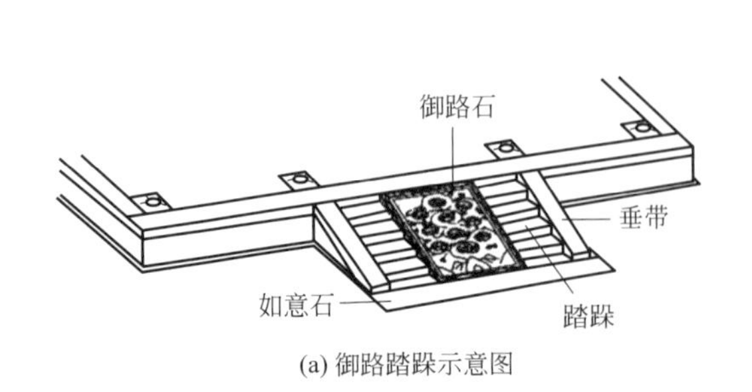

(a) 御路踏跺示意图

(b) 殿宇前的御路踏跺

■ 图 4-36　御路踏跺

4. 单踏跺

房屋间数较多时，踏跺常常不只对应一间。当特指只做一间即称为单踏跺（图 4-37）。

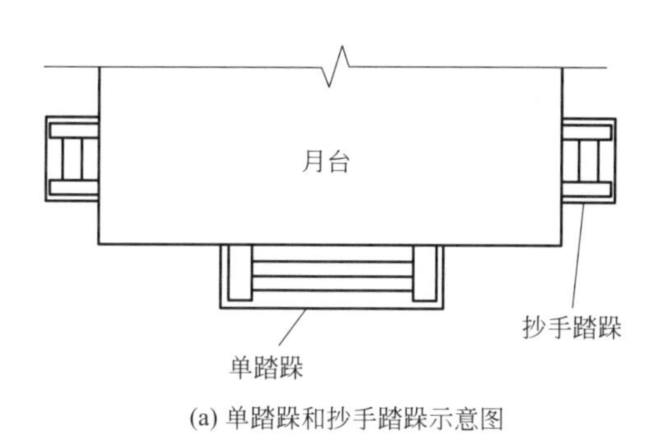

(a) 单踏跺和抄手踏跺示意图

(b) 故宫殿宇月台两侧的抄手踏跺

■ 图 4-37　单踏跺、抄手踏跺

5. 连三踏跺

房屋的三间门前都做踏跺，且是连起来做的，称为连三踏跺。连三踏跺是垂带踏跺中较讲究的做法（图 4-38）。

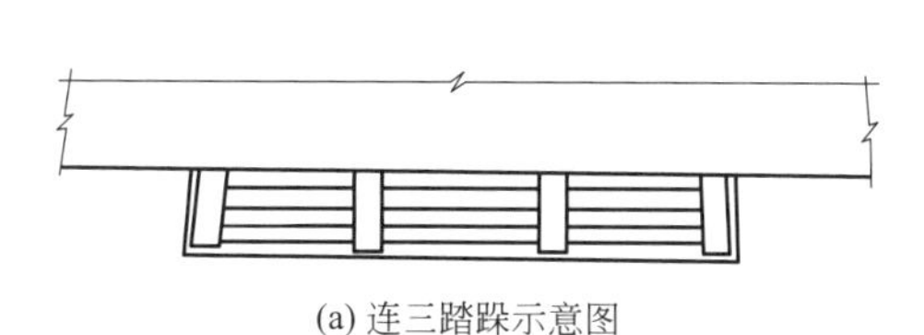
(a) 连三踏跺示意图

(b) 连三踏跺实例

■ 图 4-38　连三踏跺

6. 带垂手的踏跺

三间都做踏跺，但每间分着做，中间的叫“正面踏跺”，两边的叫“垂手踏跺”。带垂手的踏跺又称“三出陛”，仅用于重要宫殿的御路踏跺中（图 4-39）。

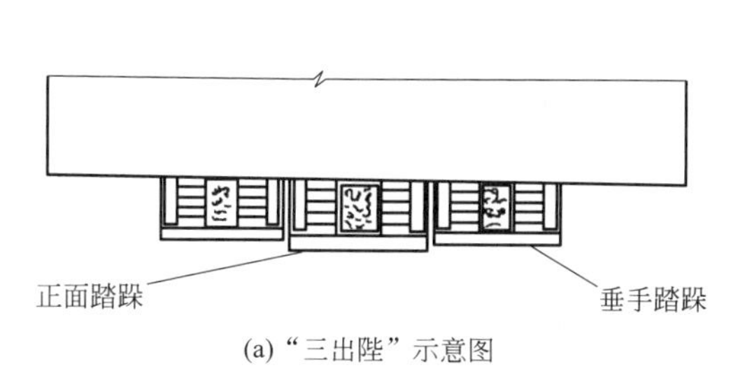

(a)“三出陛”示意图

(b) 山西晋中榆次老城文庙大成殿前的踏跺

■ 图 4-39　带垂手的踏跺

7. 抄手踏跺

抄手踏跺指位于台基或月台两个侧面的踏跺（图 4-37）。

8. 莲瓣三和莲瓣五踏跺

“莲瓣三”指做三层台阶（不包括阶条石）的垂带踏跺。“莲瓣五”指做五层台阶的垂带踏跺。

9. 云步踏跺

用未经加工的石料（一般应为叠山用的石料）仿照自然山石码成的踏跺（图 4-40）。云步踏跺多用于园林建筑，兼有实用与观赏作用。

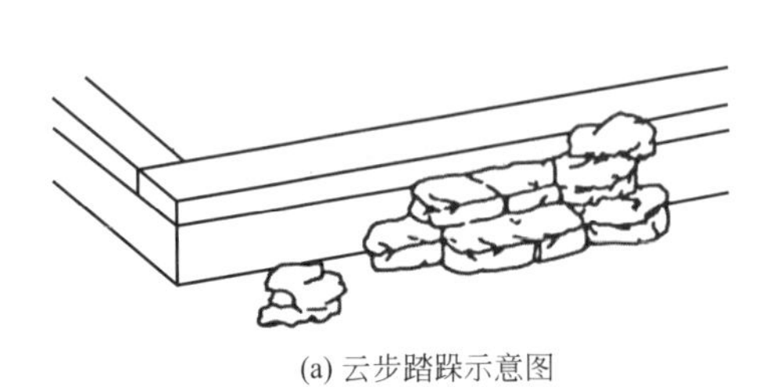

(a) 云步踏跺示意图　　(b) 建筑前的云步踏跺

■ 图 4-40　云步踏跺

在诸多踏跺的类型中，御路踏跺是我们较常见的带有雕刻图案的踏跺，御路石放在御路踏跺的中间，将踏跺一分为二。一般的御路踏跺，在御路石上都会做精美的雕刻。雕刻的图案多为龙凤图案，如云龙、海水龙、龙凤呈祥等。寺庙建筑的御路石多雕刻宝相花等图案。

二、石柱础

最早的柱子应是直接埋在地下，但为了防止柱子的移动下沉，便在柱脚的部位置一块大石头，使柱身的承载重量能均匀分布于较大面积上。后来发现埋在地下的木柱容易潮湿腐烂，因此便把石块提升至地面上，可免除柱础的腐蚀或碰损。在柱子底下承受压力的部分叫“础”，而在础与柱子之间常放置“礩”，以隔断毛细现象向柱子渗入的湿气，并且能在损坏时随时抽换。但我们一般所通称的“柱础”包括以上两者。

（一）柱础的发展及演变

1. 先秦时期

在新石器时代的仰韶文化与龙山文化之间的房屋遗址上，就发现在屋内木柱的底部有扁平的砾石相垫，这可以说是迄今发现最早的石柱础了。安阳殷墟出土的石础，础上已有动人的雕刻，础下部有抱膝的人像装饰，础背有槽，础侧有卯，可见先民是将柱脚插于础石之上。

2. 秦汉时期

在《战国策》中记载了铜礩的使用：“智作攻赵襄子，襄子之晋阳，谓张孟谈曰：‘吾城郭完，仓廪实，铜少耐何？’孟谈曰：‘臣闻董安于之治晋阳，公之室皆以黄铜为柱础，请发而用之，则有馀铜矣’。”

到了汉朝，石柱铜礩已完全被石础取代。在汉代的石刻画像上可以看到当时柱础的式样有类似栌斗倒置的形式，也有做多层及类似覆盆的样式；其上雕有细密的花纹，而其雕刻的手法则类似于宋代的“减地平鈒”的线刻表现。汉代的柱础多为方形，也有在武梁祠发现的石卵状的，郭巨祠的反斗式的，式样都极为朴素。

3. 三国至唐宋时期

六朝之后，受佛教艺术的影响，中国建筑与佛教艺术已开始融合并发扬光大。覆盆式柱础已普遍，又有了人物、狮兽、莲瓣样式的柱础。例如在山西大同北魏太和八年司马金龙墓出土的柱础上，已雕有覆盆莲花及盘龙、人物等复杂的纹饰。其雕刻手法一改秦汉粗犷的风格，显现的是精美细致、玲珑清新的风格。由此可见，自东汉佛教东传之后，佛教的装饰艺术对以后柱础的发展产生了重大的影响。台湾庙宇中常见的莲瓣形柱础，其造型已不同古制，而出现了束腰及底座，在上端凸出的肚有莲瓣雕饰，其莲瓣以圆弧收齐上下唇缘，而呈现上下对称的长椭圆形。整体造型类似南瓜，所以又称为“南瓜形柱础”或“瓜瓣形柱础”。

唐代柱础依壁画及石刻上所见，仍以覆盆、莲瓣最为通行，但与南北朝比起来，形体就比较矮平，莲瓣略肥短。

到了宋代，柱础的式样变化更多，雕刻也更加纤细，但仍以莲花瓣覆盆式为主要的通行式样（图 4-41）。在宋《营造法式》中，对柱础纹饰的记载有：海石榴花、牡丹花、宝相花、铺地莲花、仰覆莲花、蕙草、龙凤纹、狮兽及化生之类等，这些纹饰大多受了佛教艺术的影响。此外，《营造法式》第三卷中，对柱础的形式、比例及装饰手法更有详细的说明：“造柱础之制，其方倍柱之径，方一尺四寸以下者，每方一尺厚八寸，方三尺以上者，厚减方之半；方四尺以上者，以厚三尺为率。若造覆盆，每方一尺覆盆高一寸，每覆盆高一寸，盆唇厚一分；如仰覆莲华，其高加覆盆一倍，如素平及覆盆，用减地平鈒，压地隐起华，剔地起突，亦有施减地平鈒及压地隐起于莲华瓣上者，谓之宝装莲华。”。由于一般建筑曾经倾向于复杂、多变而显得华丽，这种风气随即受到官方的注意和反对，故宋代有“非宫室寺观，毋得雕镂柱础”的规定，所以柱础雕刻的发展开始转向宫室及寺庙。

■ 图 4-41　北宋青石宝装莲花柱础石

4. 元明清时期

到了元代，受民族性格的影响，柱础上人们喜用简洁的素覆盆，不加雕饰。到明清以后以鼓镜式柱础较为常见。

北京郊区东汉秦君墓前的一根神道石柱，柱下有一块方形的础石，石上雕有围着石柱头相互对视的老虎，形象很生动。某汉墓出土的一块柱础石，上面雕刻着一只老虎围绕石柱，方楞形的虎头，长长的虎尾，造型很简单，却表达出了老虎勇猛的神态。老虎是中国土生土长的野兽，性凶猛，俗称兽中之王，很早就令人敬畏，与龙、凤、龟并列称为四神兽。它们的形象被雕刻在瓦当上，成为重要宫室上的专用瓦，在砖、石为结构的汉代墓室中，虎的形象也常见于画像石和画像砖上，所以用虎作石柱础上的装饰是在情理之中的，它具有一种威严和力量的象征意义。魏晋南北朝时期的石雕，留存至今的有南京梁萧景墓墓表，这座石墓表下方的方形柱础上雕刻着两只螭，头对头、尾接尾地环抱着柱身，它们的形态与汉代秦君墓神道下的虎十分相似。山西大同北魏时期司马金龙墓出土的石柱础上雕刻着动物与植物的形象：中心有两圈莲瓣，行进在云水中的神龙，四个角上有人物，还有雕在方石边上由卷草组成的边饰。宋《营造法式》在“石作”的部分里专门对石柱础的形制做出规定：“造柱础之制，其方倍柱三径……若造覆盆，每方一尺，覆盆高一寸；每覆盆高一寸，盆唇厚一分。如仰覆莲华，其高加覆盆二倍”，首先规定了柱础大小相当于木柱直径的一倍，这就保证了柱础能够把柱头承受的荷载均匀地传至地面，并且使柱子不接触土地。覆盆和盆唇都是柱身和方柱础石之间的过渡部分，它们在结构上并无多大作用，但是在视觉上看上去不会感到二者相接处的突然与生硬，使柱础整体造型显得细致而完美，而且正是这一层覆盆成了柱础上装饰的重点。

关于柱础上的装饰，在《营造法式》相应条目中规定：“其所造华文制度有十一品：一曰海石榴华，二曰宝相华，三曰牡丹华，四曰蕙草，五曰云文，六曰水浪，七曰宝山，八曰宝阶，九曰铺地莲华，十曰仰覆莲华，十一曰宝装莲华。或于华文之内，间以龙凤狮兽及化生之类者，随其所宜分布用之。”

各代留存至今的建筑很多，它们的柱础也很多，以下从形式与装饰两个方面介绍分析。

（二）柱础的几种形式

从柱础的演变历程来看，柱础因地区、建筑级别的不同而不同，其不同的地方主要体现在地面以上，其形式大致可以分为以下几种。

1. 覆盆式柱础

覆盆式的形式是盆口大于盆地，上大下小，这是人们常见和习惯了的形式，将盆倒覆在地上，盆口朝下，上小下大，正好把柱子放在上面，这就是覆盆式。它是宋法式中规定的规范形式，也是最常见的一种柱础（图 4-42）。

■ 图 4-42　覆盆式柱础

2. 覆斗式柱础

斗拱是中国木结构建筑中的一种特殊构件，在一组斗拱的最下面是一只坐斗，它在斗拱中体量最大，可承托住上面的整组斗拱。坐斗的形式如古代的粮食量器“斗”，平面方形，上大下小。现把这种斗倒置，变为上小下大，如覆盆一样，正好承托住上面的立柱，这就是覆斗式。但它们的外形可方可圆，也可呈八角形，它随上面柱子的形式而定（图 4-43）。

3. 鼓形柱础

鼓被人们认为是欢呼、胜利、喜悦和丰收的象征，因此鼓形柱础在民间是非常受欢迎的

(a) 西文兴村关帝庙柱础

(b) 西文兴村住宅柱础

■ 图 4-43　覆斗式柱础

一种柱础样式。鼓形柱础产生于清代早期，造型古朴，雕饰典雅。地方做法中常在鼓形柱础上做各种雕饰（图 4-44）。

■ 图 4-44　鼓形柱础

4. 鼓镜式柱础

鼓镜式柱础是覆盆式柱础的变形，分为圆鼓镜和方鼓镜，其最明显的特征是采用了鼓镜的柱顶，一般没有雕饰，光洁如镜。其造型起源于明代初期，后来成为明清官式建筑柱础的唯一风格（图 4-45）。

5. 基座式柱础

建筑中的影壁、石狮、华表下面一般都有基座，在平面都要比上面承托的主体大，所以用基座作柱础也是常见的形式。为了求得稳定又不显呆笨，常采用须弥座的形式。座的上下有枋，中段为收缩进去的束腰，整体造型比较端庄（图 4-46）。

6. 兽形柱础

兽形柱础就是把整个柱础做成兽形，一方面原因是佛教的传入，另一方面在外观上兽形

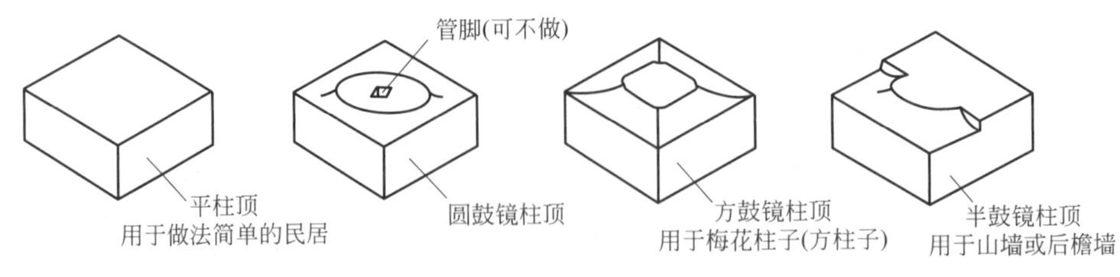

(a) 清官式常见柱础形式

(b) 圆鼓镜、方鼓镜柱础

■ 图 4-45 鼓镜式柱础

(a) 山西灵石王家大院高家崖凝瑞居正厅檐柱柱础

(b)“鹿鹤延年”柱础

■ 图 4-46 基座式柱础

是一种气势威严的象征。兽形柱础总的来说就是一个兽形雕塑，以狮兽最为常见，另外还有卧象、卧羊、蟾蜍、龟、翼虎等。兽形柱础大多出现在寺庙、宫殿建筑中。但其中对柱子的受力就要十分考究，因此也比较少见（图 4-47）。

■ 图 4-47 兽形柱础

7. 覆莲柱础

覆莲柱础因鼓镜部分雕刻垂莲花而得名。东汉由于佛教的广泛传入，为艺术发展增加了新的动力，对柱础的形式产生了重大的影响，最显著的就是覆莲式柱础。此后在其基础之上又发展出了铺地莲花、仰覆莲花等柱础形式（图 4-48）。

(a) 铺地莲花

(b) 仰覆莲花

(c) 宝装莲花

■ 图 4-48　覆莲柱础

8. 其他类型

除上述几种形式外，还有圆鼓与须弥座、覆斗上下叠合的形式（图 4-49）；圆鼓与基座组合的形式（图 4-50、图 4-51）；以及其他类型的柱础（图 4-52、图 4-53）。

(a) 圆鼓加须弥座(一)

(b) 圆鼓加须弥座(二)

(c) 覆斗加须弥座

■ 图 4-49　圆鼓与须弥座、覆斗上下叠合式柱础

■ 图 4-50　圆鼓加基座式柱础

■ 图 4-51　圆鼓加基座嵌套式柱础

■ 图 4-52　圆鼓、须弥座加栏杆复合式柱础（一）

(a) 北魏司马金龙柱础石(一)　　(b) 北魏司马金龙柱础石(二)

■ 图 4-53　圆鼓、须弥座加栏杆复合式柱础（二）

（三）柱础装饰纹样

装饰纹样亦称纹饰、图案、花纹，都是精神文化的具体表现，从图像学和符号学的角度来说，装饰纹样的真正价值是纹样本身所具有的价值。如人们自古称赞莲花“出淤泥而不染，濯清涟而不妖，中通外直”，因此把莲花喻为君子，给人以圣洁的形象。南北朝时佛教的传播，更强有力地推动了莲花纹样的运用，再加上莲花与覆盆柱础能够完美结合，因此，莲花柱础一直到明清时代，都占据着重要的位置。再如，蕙草纹里包含了卷草纹、忍冬纹和缠枝纹，这三种植物纹也广泛运用在柱础的辅助装饰上。忍冬纹因冬而不死，象征着人的灵魂不灭、轮回永生。此外，还有许多装饰题材，如“三阳开泰”“富贵绵长”“流云百福”“年年有余”也用在柱础的雕刻装饰上。这都表现了人们对美好生活的向往和期待。在柱础上雕饰动物纹样也有着深刻的象征含义。主要以狮兽为主，狮兽能给人以庄严威猛的视觉冲击力，有辟邪镇宅的象征含义；其次牛、羊、鹿、喜鹊、仙鹤等动物都被人们视为吉祥的象征，如牛代表勤勉安宁，羊代表着吉祥如意，仙鹤代表着长寿安康，等等。

随着社会的发展，柱础的装饰纹样也随着时代的变迁变得丰富多彩，特别是在宋代以

后，柱础的雕刻题材越来越广泛，也会因建筑等级的不同或时代的不同而产生变化。

在石雕的装饰纹样方面，目前古建筑遗构上可以见到的多是动植物纹、如意纹、文字纹、回纹、云纹、龙纹等。在两汉时期，石雕装饰纹样大多都采用的是历史上的圣贤义士、忠臣孝子和车马宴饮的生活场景。到了魏晋南北朝时期，由于佛教传入中原，为佛教服务的装饰纹样开始大量出现，如莲花、忍冬、飞天和缠枝花最为常见。唐宋时期，由于石材在建筑领域的广泛应用，特别是雕刻的技术已十分精湛。唐宋除了佛教的题材外，开始转向了富有生活题材的花草图案。《营造法式》中的十一种花纹都可以用在柱础上，但仍以莲花柱础最为常见。有的用莲荷组成花带，用压地隐起的手法雕在覆盆上，有的将整座覆盆做成一周下垂莲瓣置地的形式，也就是我们见到的铺地莲花。除此之外还有龙凤狮兽、天神人物等，题材十分丰富，到后来也变得庞杂、繁缛起来。到了元代，开始逐渐变得简洁朴素，多用不加雕饰的素覆盆或素平柱础。明清的官式柱础也更加格式化。明代以覆盆和鼓镜为主，而清代以鼓镜为主，官式柱础的图案也崇尚简朴。但在民间，许多富裕人家在建自家别院时，柱础的装饰纹样丰富多样，单个圆鼓式柱础鼓身上或雕出如意，或以夔龙组成的团花，或满铺云纹作装饰。须弥座形的柱础上，有将雕饰集中在束腰部分的，有在上下枋之间加力士、角兽的。复合式柱础，装饰的分布无一定格式。常见的四腿几形，几在下，圆鼓在上（图 4-50）。雕饰图案以龙凤云水为主题，或以百狮飞鹤为主体，结合宗教装饰图案的佛家八宝（法螺、法轮、宝伞、白盖、莲花、宝瓶、金鱼、盘长）；民间八宝（宝珠、古钱、玉磬、犀角、珊瑚、灵芝、银锭、方胜）；道家八宝（扇子、宝剑、葫芦、阴阳板、花篮、渔鼓、笛子、荷花）以及花鸟虫等。另外还有琴棋书画、麒麟送子、狮子滚绣球等数百种之多。雕刻手法上善于把高浮雕、浅浮雕、透雕与圆雕相结合，装饰性与写实性相比衬，使装饰作用与独立欣赏价值相统一，充分体现了当时工匠的高超技艺，同时也展现出了屋主人的情操和愿望。精美的纹饰花样，精湛无比的雕刻技术，把柱础打造得美轮美奂。

（四）柱础的雕刻方法

宋代或在宋代之前柱础的雕刻制度，在《营造法式》中被划分为四种雕刻手法：剔地起突、压地隐起华、减地平鈒、素平。其中，素平就是不加任何的花纹但也要像其他雕刻手法一样，要求把石面打磨光滑。剔地起突就是把石刻深凿，相当于高浮雕或半圆雕，一般用于高等建筑中的一些重要部位。压地隐起华属于浅浮雕，形体比较薄。一般主题只雕刻半面，且以浅带深。减地平鈒，也可把它称为平雕或平浮雕，一般雕刻花样不凸起。

（五）南北柱础的装饰艺术特征

柱础在装饰与造型上，南北地域的差别也是比较悬殊。一方面，由于南北的气候差异比较大，北方气候比较干燥，且降雨量比较小。而南方，气候相对比较湿润，降雨量比较多。另一方面，在人文背景上，南方较崇尚华丽雕饰，所以柱础的变化较多，建筑用材及建筑工艺也有所不同，且发展较为自由。所以，南北柱础就出现了各自不同的特点。

在结构上，由于气候的原因，北方的柱础比较矮小，而在南方，由于降雨量比较大，为了防潮防虫蛀，一般柱础的造型也会比较高。个别地区，如贵州，有的柱础就高达一米到两米，这样就更能保护柱础不受到湿气和虫蚁的侵害。

在造型上，由于上述的原因，北方柱础总的形体比较小，也相对比较朴素、简洁。其中最多的就是鼓形柱础，此外还有六边形、瓜形、灯笼形柱础。而南方的柱础，造型就比较丰富多样，除了我们常见的方形柱础、圆形柱础、鼓形柱础、瓜形柱础等造型之外，还有许多复合型柱础，造型千变万化，有的典雅庄重，有的繁复富丽，有的素雅大方，这是北方柱础所不及的。

在雕饰上，由于北方的民族相对比较少，而且从中原统一开始，朝都的选址大都在北方。北方各民族受汉文化的影响比较大，因此北方民居柱础在装饰雕刻纹样上，都比较趋近于官式做法。从唐宋的莲花柱础到明清的鼓镜式柱础，柱础在造型雕饰上都有严格的标准制式。而南方少数民族比较多，且比较分散，很多民族的柱础都有自己独特的造型和装饰特点，受等级制度的约束比较小，可以不拘形制，凡可以想到的式样都可以随心所用，因此在雕饰纹样与题材上，也是丰富多彩。如动物、植物、人物纹样，吉祥图案、民间故事数不胜数。如台湾地区的庙宇建筑乃属于闽、粤的南方系统，加上融入的道教思想、民间信仰，其柱础上有反映风土民情与时代背景的各种装饰题材，并在民族个性的影响下，有具象的写实纹饰，有抽象的图案装饰。这些装饰题材的背后，都蕴涵着丰富的象征意义。

三、门枕石

在古建筑艺术装饰中，最能体现主人身份、地位和艺术追求的属门枕石。门枕石的形制由民居等级决定，是中国宅门的门第符号，是最能标志屋主等级差别和身份地位的装饰艺术品。

（一）常见类型

门枕石的造型，一头在门内，凿出“海窝”，承托大门的转轴，一头在门外，门枕石中部做榫卯与下槛相扣，也起到了固定下槛的作用。门枕石门外的一侧常做成门鼓的形式，这露在门外的一段多比门内那段长而厚，这段露明的石墩，并列在大门两侧，位置显要，很自然地成了装饰的重点，主要类型有以下几种。

1. 狮子把门

门枕石中的狮子形象比门前独立的狮子更为自由，有站立的、蹲坐的（图 4-54）、趴伏的，也有一只大狮子抚弄着数只幼狮的，狮子的表情也比较多样化（图 4-55）。

■ 图 4-54　狮子把门

■ 图 4-55　山西灵石王家大院的狮子把门

2. 门鼓石

门鼓石俗称“门鼓子”，其全称叫作“门枕石带抱鼓”，门前设鼓有欢迎来人之意，用于府第、宅院的大门或二门。它是一种既有实用性又有装饰性的大门附属构件（图 4-56）。

■ 图 4-56　门鼓石（圆鼓形）

门鼓子可分为两大类：一类为圆形，叫“圆鼓子”（图 4-57），门枕石为何雕刻成石鼓状，文献上没有明确记载。流传在民间最多的一种说法是和尧舜有关。尧舜时期政治清明，百姓安居乐业，信息传达通畅。门枕石之所以雕成石鼓形状，就是取“尧设谏鼓，舜立谤木”之据，引申为欢迎来人之意。这类门枕石常用花叶托抱，又称抱鼓石。另一类是方形的，叫“方鼓子”（图 4-58），又叫“幞（fú）头鼓子”。圆鼓子做法较难，因此比方鼓子显得讲究一些。门鼓子的两侧、前面和上面均应做雕刻。雕刻的手法从浅浮雕到透雕均可。门鼓子的两侧图案可相同也可不相同，如不相同，靠墙的一侧应较简单。圆鼓子的两侧图案以转角莲最为常见，稍讲究者还可做成其他图案，如麒麟卧松、犀牛望月、蝶入兰山、松竹梅等。圆鼓子的前面（正面）雕刻，一般为如意，也可做成宝相花、五世同居（五个狮子）等。圆鼓子的上面一般为兽面形象。方鼓子的两侧和前面多做浮雕图案，上面多做狮子。狮子又分为“趴狮”“蹲狮”和“站狮”。站狮是常见的狮子形象，趴狮则应做较大的简化，耳朵应下耷，故俗称“狮狗子”（图 4-59）。

(a) 圆鼓子侧立面

(b) 圆鼓子正立面

(c) 圆鼓子实例

■ 图 4-57　圆鼓子

（二）门枕石的地方特色

北京四合院的门枕石以圆鼓形的居多，其次为石座形，狮子形的比较少。北京四合院的抱鼓石具有一种共同的基本形式，整体上分为上下两部分，下部为须弥座托着上部的圆鼓，须弥座由上下枋、束腰和最下层的圭角组成。座上对角铺着一块雕有花饰的方形垫布。讲究的还在座上用仰覆莲瓣的雕饰。座面的垫布上有一个鼓托，形如一张厚垫，中央凹下承托住上面的圆鼓，两头反卷如小鼓，所以俗称为“小鼓”，上面的石鼓称“大鼓”，以示区别。圆

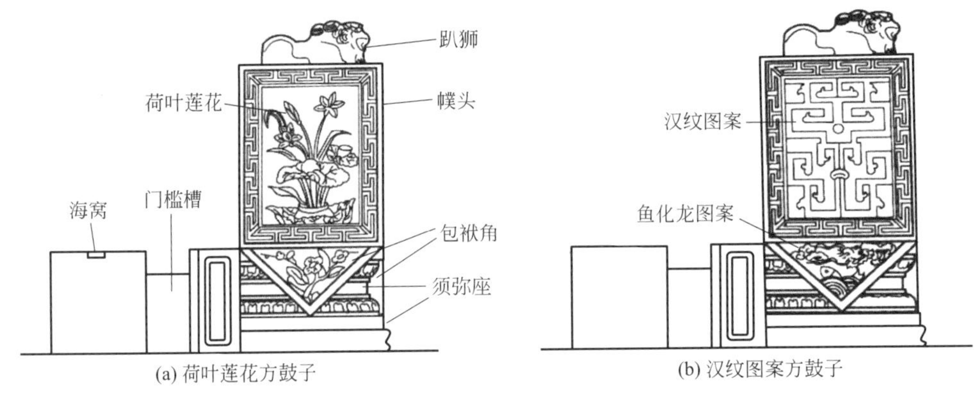

(a) 荷叶莲花方鼓子　(b) 汉纹图案方鼓子

■ 图 4-58　方鼓子

■ 图 4-59　民居入户门前的趴狮方鼓子

鼓形象很逼真，中间鼓肚外凸，鼓皮钉在圆鼓上的一个个钉子头都表现得很清楚。在两面垂直的鼓皮上多数都附有雕刻。其上面的鼓肚是装饰的重点，除了有浅雕作底纹外，多有狮子、团花等凸出的高浮雕装饰。四合院石座形门枕石的外形多呈规整状，有的一块整石座直立地面，有的下面有一层不高的须弥座托着上面的石座。座上露在外面的四个面上均有雕刻装饰，有的在顶面上加凸出的狮子像。从上述门枕石装饰内容看，最多见的就是狮子，所以在圆鼓形、石座形的门枕石上，多数只在石鼓和石座的顶面上雕刻狮子像，讲究的狮子呈全身像，蹲坐或趴伏在石面上，简单地雕一个凸出的狮子头露出石面，有的口中还衔着如意和飘带，有的把这种飘带沿着石鼓背左右盘卷一直延至须弥座，从圆鼓顶至须弥座，组成一组正对门外的装饰带。其他如麒麟、蝙蝠、飞鸟也常见到。植物中以莲荷、卷草用得最多。除此之外，如意纹、钱纹、寿字、喜字也常用在石鼓的鼓心、鼓背与鼓托及须弥座的垫布上，有的干脆在石座上刻出“万寿无疆”“吉星高照”的门联。

山西民居晋中大院的门枕石也是很有质量的，且更为灵活。从宅门的基本形态看，不外乎狮子、圆鼓和石座三种形式。但是在传统官式基础上又不受其限制，在总体造型和细部装饰上都创造出了不少新颖的形式。

狮子形门枕石都是在石座和须弥座上蹲立着的狮子，左为雄狮，右为雌狮，符合传统格式，但母狮不只是脚下抚一幼狮，有时肩背怀拥小狮子，石座和须弥座上多布满雕饰，有浅浮雕的边饰，也有凸起的高浮雕，它们与座上的狮子组成一对看上去很热闹的门枕石。圆鼓形门枕石的基座也有多种不同的处理方式。有的须弥座上下枋之间出现了力士和角兽，有的座上包袱皮的四角被掀起，里面各钻出一只小猴或者小狮子，有的甚至变成一头狮子站在石座上背着上面的石鼓。还有的竟把圆鼓变成圆球，下面卧在包袱皮中，包袱皮下在石座的四个角上各站出一只小狮子，圆球顶上也有一只狮子带着两只幼狮在嬉戏，所以在这一对石球的门枕石上可以看到三十一二只狮子。

非狮非鼓形的门枕石，这种门枕石在须弥座上立着一只高大的石雕宝瓶，瓶下有双层莲花瓣的宝座，仔细看莲座上坐着一位人物，上端瓶口上也雕着两只狮子，形成一对宝瓶门枕石。另一种是在须弥座上雕有一位武士像，左侧的武士手牵一只狮子，另有幼狮趴在地上；右侧武士双手各牵一狮，另有绣球在座上，仍遵守双狮把门的传统格局。在这里，把守在门上的武将门神变为石座上的武士，并且还和守门狮子结合在一起，这样的门枕石的确显示了当地工匠富有创造性的智慧。

在渠家大院众多的石雕构件中，门墩是较为讲究的一种，石材选用与雕刻具有明显的地域风格。因内侧紧靠内墙，不做雕饰，其精华全在正面和外侧面，雕刻手法以深浮雕、浅浮雕为主，题材多为吉祥水果、四季花卉、博古、瑞兽等图案，注重表意、象征和隐喻，把主人的思想理念通过富有寓意的图案融会到门墩的雕刻中。如寓意书香门第的香瓜雕饰，吉祥四果（柿子、佛手柑、石榴、仙桃）寓意事事如意、多子多福、福寿延绵（图 4-60）。茶庄西北院石雕门枕石，采用线刻的手法，方形座表面分别刻有渔、樵、耕、读的图案（图 4-61）。茶庄西北院正房石雕门墩，正面雕有马踏祥云，侧面雕有麒麟吐书（图 4-62）。牌楼院的石雕门墩，采用浮雕手法，正面雕香炉，寓意香火不断，侧面雕博古图，顶部为柿子，寓意事事如意（图 4-63）。

■ 图 4-60　先吉祥四果　祁县渠家大院茶庄西北院门枕石石雕

江南地区住宅大门门枕石。徽商与晋商的财势不相上下，徽州宅第大门上，门头与门脸的雕饰十分精美，但门枕石大多数却只是一块方整的石料，在它上面既没有石狮子，也没有

■ 图 4-61　渔樵耕读　祁县渠家大院茶庄西北院正房门枕石石雕

(a) 马踏祥云

(b) 麒麟吐书

■ 图 4-62　祁县渠家大院茶庄西北院正房门枕石石雕

■ 图 4-63　祁县渠家大院茶庄牌楼院门枕石石雕

石鼓，最多在表面上雕一些植物花卉、琴、棋、书、画以及如意纹等作为装饰，不少门枕石上平素无雕饰。除以上所举各地住宅门枕石实例，其他寺庙园林等建筑大门的门枕石在总体上仍可归纳为狮子、门鼓子和石座三种类型，其中以门鼓子最为常见。门枕石的等级中，石狮最隆重，门鼓子次之，石座再次之。

四、石券

（一）石券的用途及类型

石券多见于砖石结构，如石桥、无梁殿形式的宫门或庙宇山门等。此外，一些带有木构架的建筑，也常以设置石券为其惯用形制，如碑亭、钟鼓楼、地宫、庙宇的山门等。石券大多为半圆券形式。明清官式建筑的半圆券（包括砖券）大多是“大半圆”，即在半圆的基础上略做抬高（增拱）。由于升拱方法的差异或装饰上的需要，半圆形石券可分为锅底券、圆顶券和圜门券三种。锅底券的特点是，两侧的弧线做增拱后在中心顶端交于一点，略呈尖顶状，这是因为旧时的铁锅锅底有一铸铁结，锅倒扣时呈尖圆形。需要说明的是，在砖券中，穹顶在传统营造业中也被称为锅底券或锅顶券。二者的区别是，一个是形容像锅的内部，一个是形容像锅的外立面。圆顶券的特点是，两侧的弧线虽做增拱但在顶端形成圆滑的弧线。圜门券的特点是，券的外立面底部做出“圜门牙子”的装饰性曲线。

■ 图 4-64　雕刻云龙的券脸

（二）券脸的雕刻

券脸雕刻的常见图案有：云龙（图 4-64）、蕃草（图 4-65）、宝相花（图 4-66）、云子和汉纹图案。雕刻手法多为“凿活”（浮雕）形式。每块接缝处的图案在雕刻时应适当加宽，留待安装后再最后完成，这样才能保证接茬通顺。

■ 图 4-65　雕刻蕃草的券脸

■ 图 4-66　雕刻宝相花的券脸

五、上马石与拴马石

（一）上马石与拴马石的寓意

上马石与拴马石都设于大门前，古代官吏与有财势的人家出行多以骑马代步，因此在官府和一些大宅第门前设有上马石和拴马石，以便来客上马和拴马之用。

在中国古代越是讲究的人家和社会地位高的人，越是讲究建筑物的寓意，吉祥的兆头才能让家宅平安。在古代官宦人家门口摆着 L 形状的青灰石台是上马用的石台阶，叫作马石台，也叫上马石（图 4-67）。上马石初见于秦汉时期，至今已有两千多年的历史，北宋《清明上河图》中也有上马石。

■ 图 4-67　上马石

成语里的上马一般比喻走马上任，有官运亨通的意思，所以上马石在古代只能是社会地位等级比较高的人在家宅门口配备这种石台阶。山西省民俗博物馆（太原文庙）内陈列着各种上马石，正面为长方形，刻有麒麟、奔马、云纹、花卉等（图 4-68）。王府或高官宅第门前的上马石规格较高，体量较大，雕刻精细，花团锦簇，花纹图案非常讲究；一般级别较低

(a) 动植物纹上马石

(b) 猛兽纹上马石

■ 图 4-68　山西太原文庙上马石

的宅第，门前的上马石装饰图案简单，有些则完全不用雕饰。

（二）上马石形制

上马石为台阶形，位于宅院大门两侧，多为上下两阶，人站在上面便于蹬鞍上马。小型的上马石侧面呈长方形；稍大的是一块台阶形石材放置地面，侧面呈 L 形，有浮雕雕饰；讲究的上马石下有一层不高的须弥座，上置台阶石，除了垂直面上有凸出的雕刻外，有的在脚踩的水平面上也有浅浅的雕花饰面（图 4-69）。

(a) 动物龛纹上马石

(b) 动植物纹上马石

■ 图 4-69 西安荐福寺藏上马石

（三）拴马石（桩）形制

自从马被人类驯化，并用于骑乘运输起，拴马石（桩）就必不可少。马是驮运物品、作战及代步的主要交通工具，古代的驿站旁就常常设有大批的拴马石（桩）。加之蒙古族、满族等北方游牧民族有骑马狩猎的习俗，所以马的大范围使用是拴马石（桩）产生的直接原因。

拴马石（桩）有两种形制，简单的只是在大门外侧的砖墙上砌入一块石材，石材上凿有透孔眼供拴马用（图 4-70）。另一种为独立的一根石桩，也称“拴马桩”，拴马桩以坚固耐磨的整块青石雕凿而成，一般通高 1.5～3 米，宽厚相当，为 0.22～0.3 米不等。柱身上凿有孔穴或巧妙运用桩头上人物、瑞兽的造型和自然肢体空间，或手臂或坐骑四肢形成孔眼，穿孔很光洁，三两个指头伸进伸出十分顺畅。

■ 图 4-70 砌于墙内的拴马石

拴马桩一般分为四部分：桩头是石雕的主要部位；桩颈（台座）承托桩头，一般为上圆下方，其上浮雕莲瓣、鹿、马、鸟、兔、云、水、博古等图案；桩身（基柱）少数刻缠枝纹、卷水纹、云水纹；桩根则埋入地下。桩头圆雕，有表现人物、人与兽和多人物组合形象，也有表现神话故事人物如寿星、刘海、仙翁等。动物形象则有狮、猴、鹰、象、牛、马等。形态有趣、雕工精美、手法夸张。较精彩的是胡人驭狮柱头的拴马桩，这一种数量不一定是最多的，但其独特性，堪称拴马桩的代表作。胡人是中国古代对北方边地以及西域游牧民族的称呼。在丝绸之路上，所谓的胡人因经商而多有金钱、珠宝，胡人驭狮意味着能带来无尽的财富。胡人驭狮拴马桩一般是胡人骑狮行进状，狮子很温驯服帖，胡人英武潇洒，高帽长须；桩首的狮子大多为蹲狮，石狮子突出其扭转身躯的动态，或左顾右盼或扬头俯首，多在石狮子前肢或人臂腕间镂凿穿系缰绳的孔眼。骑者头大身小，呈俯身前冲，或驼背卷伏的姿态，颇为生动，是整体视觉的中心点。民间造型强调大头而削弱腰肢比例，这源于传统观念，《黄帝素问》中的“头者精明之主也”。

拴马桩桩头雕饰造型多变，多为民间雕工运用适形法则，随桩头方形顺势而取，因材施艺，巧妙地利用四方形对角线比边长的优势，将主体雕像正面安排在对角线位置，这样扩大了雕造的造型空间，又没有超越桩体的四方形。在纵向视觉上收到横向开张之势，使雕像显得饱满大气，而且与角棱呈对称错位，产生扭动的动态美（图 4-71）。

(a) 猴柱头拴马石正面

(b) 猴柱头拴马石侧面

(c) 人物造形拴马石(一)

(d) 人物造形拴马石(二)

(e) 人物造形拴马石(三)

(f) 人物造形拴马石(四)

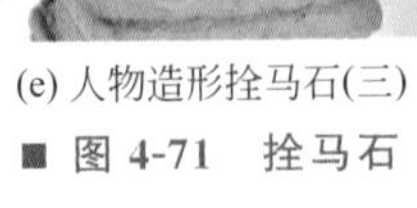

■ 图 4-71　拴马石

拴马桩起于元初，盛行于明代，延续至清末，千桩千样，是艺术性与实用性的巧妙结合。拴马桩常设立在殷实富户大门的两侧，不仅成为居民宅院建筑的有机构成，而且如门前石狮一样，既有装点建筑彰显门第的作用，同时，还被赋予了辟邪镇宅的意义。

第四节 石雕的质量验收标准

石雕件的纹脉走向必须符合构件的受力要求，不得有裂隙、隐残。石雕所使用材料的品种、规格、质量、色彩、配比必须符合设计要求和国家现行有关材料标准的规定。古建筑雕塑的刀法、风格应符合相应历史时代的要求。每道雕塑工序完成后应做中间验收，并应提供验收记录。

一、石雕外观质量要求

阴雕：图样清晰，深浅协调一致，边沿整齐，雕地平整光滑，色泽一致。

线雕：图样完整，线条清晰，深浅宽窄协调一致，边沿整齐，表面平整光滑，色泽一致。

平浮雕：图样清晰，凹凸一致，边沿整齐，表面平整光滑，色泽一致。

浅浮雕：图样凸出雕地应小于或等于5毫米，图样自然优美，表面光滑丰满；线条流畅，凹凸台级匀称，层次分明，拼缝严密整齐，有一定立体感；勾、角、棱处清净圆滑无錾印、色泽一致。

深浮雕（高浮雕）：图样凸出雕地应大于5毫米，图样自然优美，表面光滑丰满；线条流畅，凹凸台级匀称，层次分明，有立体感。拼缝严密整齐，勾、棱、角处洁净圆滑无錾印，色泽一致。

镂雕：图样自然，表面丰满、光滑无錾印，有较强的视野深度，部分图案脱离雕地而凌空，有较强的立体感；拼缝严密整齐，线条清晰流畅，勾、棱、角处洁净圆滑无残缺，色泽一致，根底联结牢固。

透雕：图样优美自然，图样以外部分全部雕去，表面光滑丰满，无錾印；单面透雕单面立体成形，双面透雕两面立体成形；线条清晰流畅。勾、棱、角处洁净圆滑，无残缺，色泽均匀一致。拼缝严密整齐，根底联结牢固。

圆雕（立体雕）：造型优美自然，表面光滑丰满，线条流畅，凹凸台级匀称协调，层次分明，勾、棱、角处洁净圆滑，色泽均匀一致。

影雕：雕琢精细，雕琢点深浅、大小、间距均匀一致，图案清楚，表面平整光滑。

二、石雕件的制作允许偏差和检验方法

石雕件的制作允许偏差和检验方法应符合表4-1的规定。

表4-1 石雕件的制作允许偏差和检验方法

项目	允许偏差/mm	检验方法
雕件长度	±5	尺量检查

续表

项目	允许偏差/mm	检验方法
雕件宽度	±3	尺量检查
雕件厚度	±5	尺量检查
雕件边角方正	2	用方尺和楔形塞尺检查
雕件翘曲	2	拉通线尺量检查

三、石雕件的安装允许偏差和检验方法

石雕件的安装允许偏差和检验方法应符合表 4-2 的规定。

表 4-2　石雕件的安装允许偏差和检验方法

项目	允许偏差/mm	检验方法
位置偏移	±10	尺量检查
上口平直	5	拉通线和水平尺检查
拼缝宽度	1	尺量检查
接缝高低差	0.5	用直尺和楔形塞尺检查

四、工程验收应提供的资料

① 设计图样及设计要求。
② 雕塑进行中变更资料。
③ 隐蔽工程验收记录。
④ 工序之间交接检查验收记录。
⑤ 各种材料的出厂合格证、质保书、试验报告，胶结料配比施工记录。
⑥ 设计交底和图纸会审资料。
⑦ 雕塑件的原照片资料和调研资料。

第五章

泥塑

第一节 泥塑的起源与发展

泥塑艺术作为中华民族的优秀传统文化遗产，在我国传统艺术中历史悠久、流传广泛。世人以“泥土”这种简单原始的材料为主体，塑造出了形态万千、丰富多彩的艺术形象，造就了许许多多的艺术精品，为我们呈现出一个丰富绚丽的世界。

泥塑是以客观对象为参照，用湿润柔软的黏土，将事物一瞬间的动人情态表现出来，从里及表、从粗到细，依次加工制作成形神兼备的艺术品。泥塑常见的形式是泥彩塑，简称彩塑。通过捏塑和着色，使人物的风采神韵得以彰显，使静态的塑像成为有生命的真实形象。泥塑既有雕塑的立体感，又有绘画的色彩感，深受人们的喜爱。

一、新石器时代

中国的彩塑艺术历史悠久，其起源可以追溯到距今约一万年前的新石器时代。新石器时代遗址中出土了彩陶器皿，其上的圆雕或浮雕饰物清晰可见，这些饰物装饰在器物的耳、盖、纽、腹等部位，并与描绘着彩色图案的器物完美地组合，浑然一体。更为引人注目的是甘肃出土的半山期“人头饰盖器”（图 5-1）。它那呈红色的盖纽部塑造着五官齐备的头部造型，还有用黑色描绘的须髭和面纹，生动有趣的造型和简洁单纯的色彩有机地组合，形成一件完整生动的立体造型。在这方面，史岩先生在《中国雕塑史图录》一书中明确指出：“彩绘陶器是新石器时代的特有产物，后世出现的新陶俑和彩塑造像肇始于此，后来才逐步发展成为我国独具一格的彩塑艺术。”

■ 图 5-1　人头饰盖器

1983 年开始发掘的牛河梁红山文化遗址女神庙内，就发现了相当于真人三倍大的泥塑神像的耳、鼻残件。这一时期用灰陶土和红胶土捏塑后加温烧制而成的各种陶制日用器皿、动物和人物形象，有的施彩涂色成为彩陶，有的还刻有纹饰，朴实而生动，开辟了我国彩塑艺术发展的先河。

二、夏商至春秋战国时期

夏商至春秋战国时期，彩塑的制作较以前更为成熟。远在三千年前殷墟出土的男女奴隶俑是中国早期的泥彩塑，它们在生产生活与社会实践中不断发展演变、延续着。除了捏塑彩绘还出现了轮制和模制的器物。这一时期的陶器胚胎已使用高岭土，有的器物表层加施釉面，形成了釉陶艺术品。

三、秦汉时期

秦汉时期的泥塑最具代表性的便是陕西咸阳秦始皇陵兵马俑。其彩绘陶制塑像数量之多、艺术之精，无疑是中国古代彩塑发展的第一个高峰（图 5-2）。随着以陶俑代活人殉葬和寺院、庙堂佛事的逐渐兴盛，促使彩塑不断发展，木制的楚俑，陶制的汉俑，常施以粉彩。至西汉末期，佛教从西域传入中国，传统彩塑佛教造像开始在中国盛行，彩塑艺人们在承袭传统造像的手法上，汲取、借鉴了印度雕塑艺术的精华，相互融合，使中外艺术造像风格有机结合。

■ 图 5-2　秦始皇陵兵马俑

四、魏晋南北朝时期

由于政治和经济的动荡，佛教的出世思想盛行，以及多神化的祭祀活动，社会上的道观、佛寺、庙堂的兴起，使佛教造像随之快速发展。当时彩塑作为造像的一种形式，不仅风行一时，风格上也更多样，加之浓厚的西域和印度佛教艺术的影响，形成了错综复杂的样式。在造型上呈现了“曹衣出水”“秀骨清像”的艺术手法。这一时期出现了一些雕塑名家，比如东晋雕塑家、画家戴逵，擅长画人物山水、走兽之外，也擅长画宗教画，雕塑佛像。在南北朝时期，甘肃省的敦煌莫高窟和麦积山石窟内便出现了宗教造像彩塑，泥塑造像的艺术风格便呈现出中国传统造型同外来雕塑艺术有机结合的趋势（图 5-3）。其中，举世瞩目的敦煌莫高窟彩塑保存着塑像 3000 余尊，有北魏、西魏、北周、隋、唐、五代、宋、西夏、元历代的塑像，其中壁塑浮雕1000余尊，圆雕塑像2000余尊，皆为佛教神像，有佛、菩萨、天王和力士、弟子等。它们用泥塑造并施以彩绘，以传统泥塑技法塑、捏、削、贴、压、刻等，再用染、刷、点、涂、描等施彩技法，形象生动地表现了神佛世界的风采。

■ 图5-3 释迦多宝说法像 敦煌莫高窟

五、隋唐时期

中国封建文化鼎盛的隋唐时代，彩塑有了新的发展。特别是唐代政治上的安定、经济上的繁荣，促使这一时期文化艺术昌盛，成为中国文化艺术史上极为辉煌灿烂的时期。在这一时期，不仅“唐镜”和“三彩”在世界上的地位独一无二，优美多姿的彩塑造像与绚烂夺目的建筑、绘画、壁画三者完美结合，互相依附、互相衬托，形成了庞大雄伟、浑然一体的石窟艺术。唐朝出现了著名的彩塑名家杨惠之，其画与画圣吴道子“巧艺并著”，其造像表达形神的功力也与吴道子不相上下，被誉为雕塑圣手，故人称“塑圣”。他用介于绘画与雕塑之间的造型样式在墙壁上堆塑浮雕的“塑壁”，同时着以色彩，有着与壁画同样生动的艺术效果，他还著有《塑诀》一书。由此可见当时绘画与塑造互相交融、互相影响，使当时的彩塑也如绘画那样，初唐时有“秀骨清像”的余韵，至盛唐而饱满丰韵，至中唐而丰容俏貌，至晚唐而修长纤丽。随着佛教彩塑造像的盛行和发展，塑与绘的结合更趋成熟。山西五台县佛光寺、南禅寺内的彩塑栩栩如生、写实沉厚（图5-4）。敦煌莫高窟塑像中，也以唐代塑像为最，多姿态优雅，制作精美，面部丰腴，比例匀称，双手纤巧，显示出温柔妩媚的神采，堪称中华彩塑的瑰宝。江苏的保圣寺罗汉彩塑为唐代塑像，后由宋代修复，原塑仅存9尊，所塑造的罗汉衣褶线条流畅，比例适度。罗汉的性格与气质各一，细节表现刻画极精，在中国的罗汉塑像中冠绝。

六、宋辽金时期

宋辽金时期的彩塑造像逐渐脱离宗教范畴，开始与风俗相结合。由于儒家思想、佛教、道教的融合发展，宗教力量仍在发展，宗教思想在全国范围内传播。这时，寺庙道观内的宗教塑像在继承唐朝盛世丰腴之美的基础上向俊秀清丽的形态发展，写实风格逐渐浓厚。人物的神态和思想感情在彩塑中都有所体现。山西太原晋祠圣母殿宋代宫女彩塑就是其中的典

■ 图 5-4　山西五台县南禅寺大殿唐代彩塑佛教造像

范。它们的出现标志着中国古代彩塑发展到了又一个高峰。山西太原晋祠圣母殿中十身侍女像，真实自然，栩栩如生。殿内共有 43 尊泥塑彩绘人像，尤其是侍女像塑造得更好。无论人体比例，还是服饰衣纹，都表现得恰到好处。一个个性格鲜明，表情自然，与真人高度相仿，更具有人的气质。工匠们掌握了人体比例和解剖关系，手法纯熟，有高度的艺术表现力。这些塑像是我国古代雕塑艺术中的珍品，在美术史上占有重要的地位。宋代孟元老《东京梦华录》记载，北宋时，每年七夕，街头皆卖“摩喝乐”。这是一个手执荷叶的泥娃，大小不一，男女各异，做工细腻，有吉祥寓意，很受人们的喜爱。又据《得树楼杂钞》卷十所记："杭州至今有孩儿巷，以喜塑泥孩儿得名。"还有陕西富县的泥孩儿更是精巧。这些作品的造型，是经过高度概括和提炼，并且有自然朴素的美。由此可见当时塑造之风，并不局限于像晋祠、灵岩寺等大型彩塑，同时还有生活中充满风土人情的小型装饰性彩塑。

七、元代时期

元代时期的彩塑以晋城玉皇庙最具代表性。玉皇庙保存有宋、金、元、明、清时期的彩塑 300 余尊。最有影响力的是元代艺术大师刘銮雕塑的二十八宿泥塑像（图 5-5），是我国现存元代道教彩塑中的珍品。罗哲文先生称"其艺术品位之高，可以说是世界绝版，海内孤本"。

■ 图 5-5　山西晋城玉皇庙二十八宿泥塑像

二十八宿泥塑像采用人物形象和动物形象相结合的雕塑手法，用男性的刚猛、女性的温柔，拟人化地表现出了二十八星宿的独特魅力。彩塑形象的性别、年龄、性格、人种、服饰、身份不完全相同，艺术感染力极强，其创意和技艺可以说达到了出神入化的境地。作者凭借丰富的想象力和聪明才智，首次将天文学中观察天体运行、四季变化、经纬定位的 28 组赤道星座与唐代五行家袁天罡确定的 21 种动物同金、木、水、火、土和日、月与人融合，创造出有血有肉的"虚日鼠""房日兔""轸水蚓""亢金龙"等各种神话人物形象。其服饰的纹理简洁凝练，线条疏密相间，刚柔相济，既有真实感，又有装饰美。利用人物动态的方向转换、高低起伏的穿插、动物形态的多样化，达到整体上生动活泼、气势磅礴的效果。二十八宿彩塑是中国古代雕塑艺术现实主义与浪漫主义完美结合的典范，它在全国也是独一无二的绝品（图 5-6、图 5-7）。

■ 图 5-6　北方玄天虚日鼠

■ 图 5-7　东南阳天轸水蚓

八、明清时期

明清时期是中国古代彩塑发展的最后一个高峰期（图 5-8、图 5-9）。宗教造像彩塑以佛教、道教和儒家思想三者合一，表现形式更为丰富多彩。这一时期出现了不少精益求精的作品，但由于清代中晚期的彩塑向程式化发展，随后逐步走向衰落，也出现了一些缺乏气韵的程式化作品。

■ 图 5-8　侍女像　明代　山西博物院藏

■ 图 5-9　星宿像　明代　山西汾阳太符观

山西平遥双林寺的2000余尊佛像彩塑，有壁雕、圆雕、浮雕等各种装饰性雕塑，数量奇多，风格独特，姿态各异，大多属明代初期的作品，殿前四大金刚为元代所做，其中韦驮像姿态优美夸张（图5-10），身如满弓，气韵生动。千佛殿、菩萨殿内的悬塑群像，小而精巧，以连环画或横纵矩阵形式满布殿内四壁，姿态各异，美轮美奂。江苏苏州紫金庵内的十八罗汉塑像，色泽古朴明快，重彩描绘，服饰塑造精致。陕西蓝田水陆庵壁塑“佛教故事”，场面宏大，内容丰富，所塑五百罗汉和十殿阎罗像，构思精巧，塑工细致，罗汉穿插于亭台楼阁建筑之中。陕西三原城隍庙内的二十四尊乐女彩塑像，所执乐器各不相同，表情手势动态各异，大如真人，容颜端庄。云南昆明筇竹寺内的500尊彩塑罗汉富有浓郁的生活气息，所塑群像相互呼应，间距得体，色彩协调。

■ 图5-10　平遥双林寺韦驮像

明清时期的彩塑，虽受保守主义和复古主义思想的影响，但另一方面市民阶层的思想也很活跃。据传，明代民间盛行捏像艺术，清代也人才辈出。《红楼梦》第67回中说薛蟠从苏州返家带回一出出的泥人儿。可见，当时彩塑已成为人们文化生活的一部分。此时彩塑已广泛流传于江苏的无锡、河北、天津以及浙江、河南、甘肃、陕西、山东、广东等地。近代比较著名的为无锡惠山彩塑和“泥人张”彩塑，它们都是继承了中国彩塑艺术的优良传统，而逐渐发展起来的。惠山彩塑约创始于明代，它原是无锡惠山附近农民的一种副业，后因惠山风景优美，吸引了大批游客，遇到节日庙会，更是车水马龙，热闹非凡。因此农民们就利用当地的黏土塑成泥人施以粉彩，在门前摆摊售卖。在明万历年间，昆曲开始流行，于是又开始捏塑以戏曲为题材的戏文货。到清代乾隆年间京剧盛行，戏文内容更丰富，彩色作坊开始出现，有了专业的彩塑艺人，彩塑也愈加发展，逐渐形成了久负盛名的民间彩塑艺术品。“泥人张”彩塑约始于19世纪40年代，至今已有上百年的历史。“泥人张”彩塑的创始人为张明山。他从小随父捏制陶器和小型动物泥塑。第二代张玉亭、第三代张景祜都很好地继承了前辈的艺术传统，并精于泥塑。“泥人张”彩塑既有人物众多的恢宏巨制，也有淡泊抒情的小品，题材内容有文学、历史、戏剧、神话等，同时还有反映现实生活的作品，在我国彩塑发展上开创了新的局面（图5-11）。

■ 图 5-11 “泥人张”彩塑作品

第二节 泥塑艺术的风格特点

中国古代泥塑艺术，无论是题材内容，还是形式技巧，都表现了中华民族的艺术风格。在中国古代彩塑艺术品中，有两种创作倾向：一是服从于封建统治和宗教的需要；二是描写社会生活及表现人的思想感情和愿望。两者在每一个时代都存在，在技艺上不断提高，在内容风格上不断变化，不同时代具有不同的风格。

在原始社会的艺术中，先民们在自己的劳动中逐渐使单一的物象复合化，显示了类型化的美。他们能把不同形象的物品经过加工琢磨变成相同形象，显现了同一性的美。于是他们在对物象的感受、思考中有了原始审美意识和趣味。而这种在原始艺术上的思维闪光，却影响着中华民族民间艺术的形成。彩陶时期，先民们将泥塑与彩绘结合，数量繁多的器物造型与装饰，表现了纯厚朴素的自然风格。从殷墟出土的男女奴隶俑可以发现先辈们用泥土塑造人物的技巧和古拙质朴的塑造风格。汉代的陶俑表现了艺人对生活的热爱，对自然的热爱。这些作品又体现了简洁、雄健、浑厚、富有装饰性的艺术风格。而彩塑到了魏晋南北朝时期，已形成飘逸、超脱的艺术风格，是中国彩塑艺术兴旺发展的开始。此时受到外来思想与形式风格的影响，自隋、唐、五代至宋逐渐形成了独特的中国彩塑风格。从魏到北周、北齐，人们开始将外来艺术和民族传统相结合，摸索着进行大胆创造，经隋到唐已达到精炼成熟阶段。这一时期不仅是人物、动物等泥塑生动地反映了唐代社会生活，表现了当时社会的风尚爱好，就连佛教造像也常常充满人性的美丽。例如敦煌彩塑中那些慈祥静穆的佛，庄严肃静的天王，安详矜持的菩萨，纯朴肃立的比丘，虽然动作姿态都是佛教格式，但他们神情自如、肌柔肤润，体现的都是人的健康和美丽。艺术先辈们捕捉到生活中形形色色的神情，以细腻、完整的手法塑造了雍容博大、丰润饱满的艺术风格。宋代彩塑比较盛行，在艺术上有了进一步的提高。这一时期的彩塑以朴实、流畅、秀丽的手法表现人物内心情绪，在刻画人物性格和形象特征上尤见卓著。元、明、清以来，除以宗教为题材的大型彩塑外，反映风俗民情的小型装饰性彩塑也较为多见。在造型风格上，几乎不承袭前代旧路，而是探求生活中人的形象与品格，赋予其典雅的装饰之风。

一、泥塑的地方特色

明清以后，无锡惠山、陕西凤翔、广东大吴等地的小型彩塑艺术相继出现。清代流行起来的惠山彩塑，经过了历代艺人们的辛勤创作，积累了丰富的创作经验，他们大都采用洗练的手法表现形象、动作和姿态，有意识地省略某些细节，不拘泥于局部的形，而是紧紧抓住形象特征，用大胆概括、夸张而巧妙的变形，表现纯朴、自然、简洁的民间风格。

（一）无锡惠山彩塑

无锡惠山彩塑（图 5-12），在清代时最盛。手捏戏文后来成为惠山彩塑发展成熟的代表品种。

■ 图 5-12　无锡惠山彩塑　大阿福

（二）天津“泥人张”彩塑

“泥人张”彩塑在题材上大都以社会风俗、民间传说、戏曲人物、古典名著为主，但在表现手法上却形成了自己独特的风格特色。“泥人张”继承传统雕塑，从绘画、民间木版年画、戏曲等艺术形式中吸取营养，把传统的捏泥人提高到圆塑艺术的水平，又装饰以色彩、道具。“泥人张”的传承人在继承上一代“泥人张”注重写实传神、形神兼备的艺术风格的同时，又吸收了民间姐妹艺术的营养，以及解剖、透视等多方面的科学知识，突破过去某些程式化的格式，更注意观察生活、默记形象、勤奋地捏塑与描画。

（三）陕西凤翔彩塑

陕西彩塑有着三百多年的历史，主要集中在凤翔六营村。由于凤翔地处西北，交通不便，较少受外界的影响。凤翔彩塑的艺术风格与当地的民风民情都还更多地保留着原始的风貌，具有纯朴与豪放的表现力，生动与丰富的想象力。凤翔彩塑分为四大类，有壁饰类、动物类、人物类、立体泥兽类。这四大类中最著名、最富凤翔地方特色的是壁饰类中的彩塑“壁挂虎”，它以泥土加纸浆翻模成型，涂上白色作为底色，用黑线勾出图案位置，点染大红、大绿、大黄、翠绿等艳丽的颜色，以黄色为主调，很注意笔意与笔趣，体现了植根于中原文化固有的古拙深远的寓意和内涵（图 5-13）。

(a) 凤翔彩塑黑白绘　壁挂虎

(b) 凤翔彩塑　素色狗

(c) 凤翔彩塑彩绘　鸡

(d) 凤翔彩塑彩绘　猴

■ 图 5-13　陕西凤翔彩塑

（四）河南淮阳彩塑

淮阳彩塑在北宋时期已十分盛行。河南淮阳古称宛丘，也称陈州，是古代传说中伏羲、女娲、神农建都之地，也是女娲抟土造人的地方，每年二月，淮阳人祖庙会，都会出售泥塑黑底彩绘玩具，当地人称之为泥泥狗（图 5-14）。淮阳泥玩具“人祖猴”（图 5-15），民间也称它为人祖爷，其形象半人半猴，披身毛发，黑色打底，彩绘奇幻，给人一种神秘古拙之

■ 图 5-14　河南淮阳彩塑　双兽泥泥狗

感。淮阳彩塑分“打泥”“捏坯”“塑型”“染色”“画花”五个加工步骤。

■ 图 5-15 河南淮阳彩塑 人祖猴

（五）山东彩塑

山东彩塑具有代表性的是高密聂家庄彩塑，被称为高密三绝之一，是一种古老的传统民间艺术，康熙后期聂家庄几乎家家户户都捏泥塑，而且开始捏泥娃娃、鸟兽虫鱼等家庭观赏品和儿童玩耍的泥玩具，后有一些专供欣赏的仕女、戏文等。因受民间木版年画的影响，所以彩塑多取材传统的戏曲人物及民间的吉祥故事或民俗风情故事。聂家庄的彩塑以模具印坯，造型厚重，起伏明显，颜色对比强烈，形成粗犷、豪迈、雄浑的气势（图 5-16）。

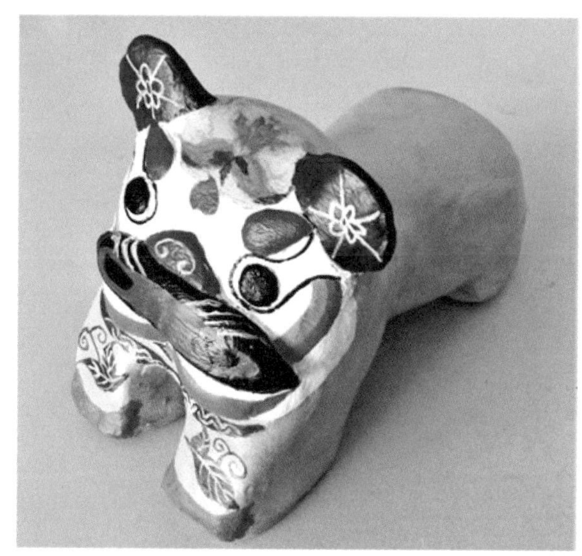

(a) 大叫虎

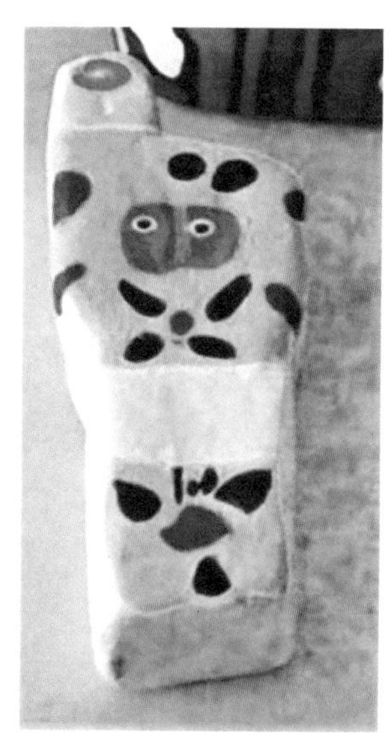

(b) 吧嗒猴

■ 图 5-16 山东高密聂家庄彩塑

（六）吴川彩塑

吴川市以多姿多彩的彩塑艺术而享有“泥塑之城”的称号（图 5-17）。吴川彩塑的出现可追溯到唐代后期，至今已有近千年的历史。其作品多取材于戏曲人物、神话传说、民间故事等。其作品造型生动简洁，配以明快鲜亮的色彩，给人以质朴清新的艺术感受，深受海内外同胞的好评。

(a) 吴川彩塑　和合二仙

(b) 吴川彩塑人物

■ 图 5-17　吴川彩塑

（七）福建彩塑

福建彩塑多以福州、泉州地区的彩塑为代表，过去一般塑造寺院庙堂中的神佛。福州彩塑是用粉线开金，而泉州彩塑则是用漆线开金，两者都显示了细腻精巧、明丽鲜明的地方特色。

（八）贵州彩塑

贵州彩塑多流传在黄平一带，品种除有飞禽、鱼、虫、蛙、蝶等，还有神话人物。贵州彩塑重彩浓绘，多以墨为底色，又点绘黄、白、绿、蓝、紫等颜色。颜色对比强烈、鲜明，很有苗族绣品及裙饰图案的色彩效果。

二、泥塑的艺术特点

虽然彩塑的历史悠久，流传的地区广泛。但它们也有着共同的艺术特点。

（一）写意化境

意境是中国古代传统彩塑所着力追求的。文殊和普贤都是佛教中的大菩萨，是虚构的法力无边的神。但是这种神的形象都取材于生活，是生活中人的化身。为了显示两个神的威力而采取了反衬的特殊手法。法力无边的神，并不是青面獠牙、举臂挥拳的力士，而是温柔美丽的少女。掌兽人和猛兽的有力造型，烘托着娴静的美人形象，构成对立又统一的造型格局，寓意象征着善良与胜利，给人以美与丑、善与恶的联想，令人百看不厌。民间的小型装饰彩塑也十分重视意境的表达。

（二）形神毕现

传神，在中国彩塑作品中表现得特别突出。先辈们或当今的彩塑作者，他们都不满足对人物外形的如实摹写，而是着力刻画其内在的气质，传达出独特的心理、气质、精神、性格特征，人们习惯称之为“传神”，或叫“气韵生动”。敦煌彩塑中菩萨的仪容是那样端庄妩媚、典雅有风度，是真实生活与高尚理想在塑像中的体现。

（三）因材施艺

中国彩塑很讲究刻画方法，每一件彩塑作品中都是艺人根据不同的题材和主题，细心地观察形象、思考形象、创作形象，形成有新颖立意的构思和具有形式美的构图。在塑造形体局部和整体中很注意曲直、方圆、肌理等造型对比法则，增强造型的感染力。

第三节 彩塑的制作方法

一、彩塑制作的前期准备

雕塑工具是泥塑艺人的宝贝，多为自制，一般根据塑像的实际需要来定制。冯世怀先生在《泥塑佛像的材料配制及抓塑装色技术》一文中介绍了泥塑所使用的工具有糙压、大小光压、木刀、木铲、竹刀、印模等。这些工具除印模外多为自制（图 5-18）。

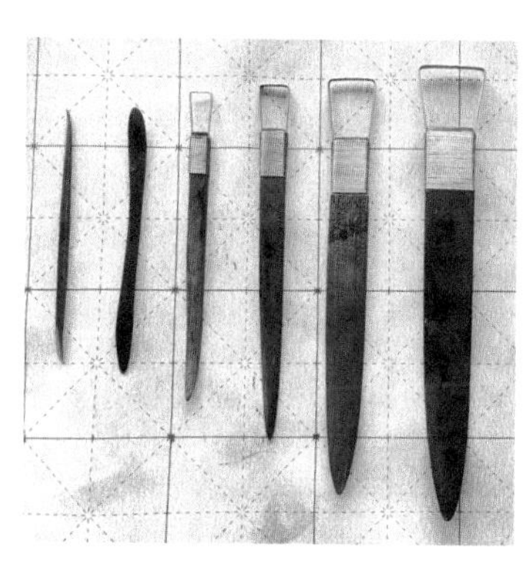

(a) 泥塑形象刻画用工具(一)

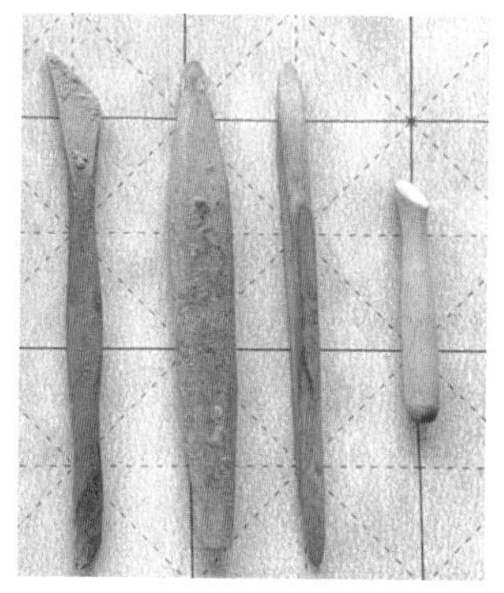

(b) 泥塑形象刻画用工具(二)

■ 图 5-18 泥塑工具

前期准备阶段的材料为泥、木料、草、钉子、铁线、棉花、沙子、线麻或青麻。部分材料见图 5-19。

泥分为粗泥、中泥和细泥。粗泥又称“胎泥”，是做泥塑大形之前所需的第一道泥，与

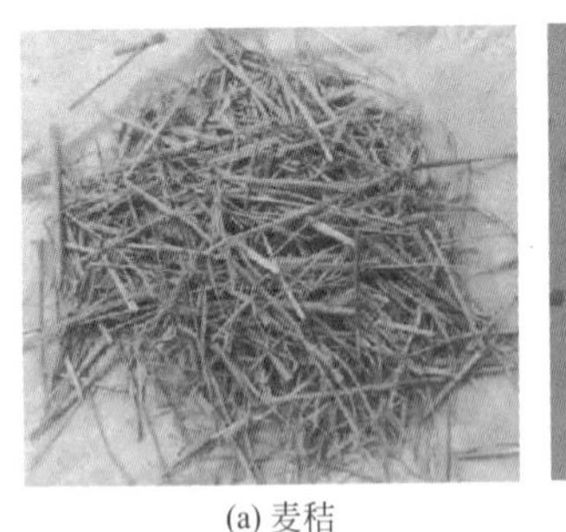
(a) 麦秸

(b) 棉花

(c) 泥土

■ 图 5-19　泥塑材料

龙骨直接接触。泥中需加适量麦秸以增加泥的伸缩度。中泥同样需加麦秸，调和的稠度要比粗泥稍软，用于大形塑造。细泥用于细节塑造，一般放棉花絮，所加的量以泥搅匀后搓为泥条，然后拉断以丝多面匀即可，再加少部分细沙，泥和沙的比例为 2：1（图 5-20）。

(a) 粗泥

(b) 中泥

(c) 细泥

■ 图 5-20　泥塑和泥过程

泥沙的具体配制比例可参考《民间画工史料》一书："粗泥——土七成，沙三成，加谷草、麦秸；中泥——土七成，沙三成，加麦糠；细泥——土七成，沙三成，加麻纸（毛头纸，用水先浸烂）"。

二、彩塑塑造的样稿

如同今天做大型雕塑或群雕时，要有设计小稿一样，传统民间彩塑在塑造前也需要样稿，这个样稿可以是线描稿，即“粉本”，也可以是立体稿。这样的样稿也许是当时流行的样式，如唐朝吴道子的“吴家样”，周昉的“周家样”“水月观音”，这是一个时代共性的样式与风格。还有可能是家族或团体独具特色的样稿，也可能是某一地域相对稳定且有特色的稳定样式。古代画塑工通常依据传统的样稿进行塑造，在塑造的同时融入个人对所塑对象的理解与情感。

各个时代画塑工及信徒们对人物的理解不同，也会改变佛教、道教人物的造型，影响这种改变的因素很多，除了宗教信仰对彩塑样式的影响外，还有时代样式及坊间画稿塑样的传承，供养人对彩塑样式的要求，民间艺术家个体对彩塑样式的追求，地域环境对彩塑样式的影响，等等。

因此，民间彩塑的样稿在民间画塑工群体中的传承既是相对稳定的，又是不断变化、发展的。

三、彩塑佛像的制作工序与流程

（一）支骨

支骨俗称搭架缚草，在塑像之前，要先根据塑像的尺寸大小，姿态形状和躯体的肥瘦情况选择好木料，搭起架子。选料时应注意胳膊、腿所用木料的长短。肩部木料要稍短于塑像肩宽，要为下步缚草上泥留有余地。搭架时，塑像的躯体可用一根木柱为骨架，下肢各用一根。应选择较粗的木柱，以稳固地支撑全身重量。手部可用铁丝作指骨（铁丝可根据手指动作的需要随意弯曲），上缚皮麻以利挂泥。料选好后，根据所塑泥像的姿态缚好骨架。用开榫卯的方法或用铁钉、铁丝、皮麻钉牢绑稳架子的每个连接部位。小型的可固定在基板上，大型的可直接将腿或躯干部木柱插入地下，增加其稳定性。大型塑像上泥后，可达几吨重，支撑其躯体的木柱一定要较粗些，尤其是做姿态前倾的塑像，更需加固主干木柱，以防上泥后，重量增加，致使木柱折断。木柱的下端可涂些水柏油，以防霉烂。骨架固定好后，即可用皮麻将谷草牢固地绑在架上。注意根据塑像的肥瘦、比例来决定缚草的厚薄，这样塑像的骨架就完成了（图 5-21）。

（二）贴肉

贴肉又叫上粗泥，一般上两道泥，即先上麦糠泥，再上草纸泥。也有上一道或三道泥的，一道即只上麦糠泥，三道即先上一层酒精漆片泥，再上麦糠和草纸泥。上三道泥可起到加固不收缩的作用，一般用于大型泥塑，小型泥塑可以不用。上粗泥时，注意抹得不要过厚和太光滑，应给以后上细泥时留有余地（图 5-22）。

草纸泥的配制方法：先将黄土或红胶土和成泥，然后把草纸浸湿放入泥中砸烂，反复揉和均匀使两者融为一体。土与纸的比例是一斤黄土配四至六张草纸。

（三）穿衣

穿衣又称上细泥。把草纸泥堆出塑像的躯体大形后，待干透即可上细泥进行具体塑造了。细泥又叫麻纸泥或棉花泥。配制方法：黄土与沙子和成泥，将麻纸浸湿后放入泥中，用棍反复砸翻，直到纸融入泥中和匀为止。黄土、沙子和麻纸的比例：一斤黄土与

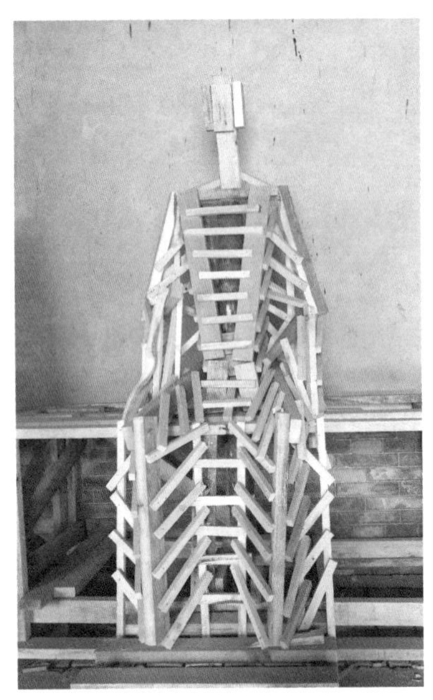

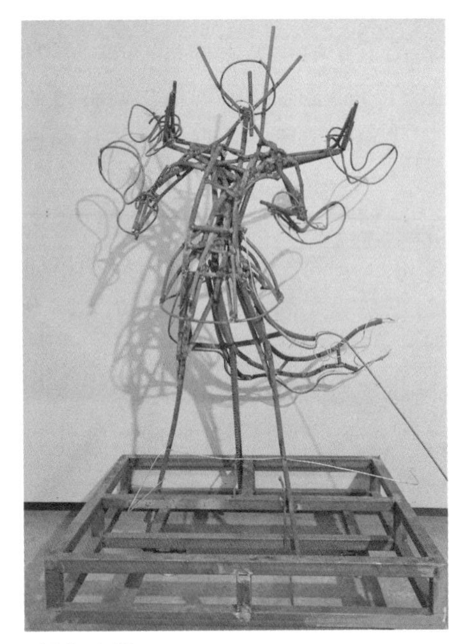

■ 图 5-21　泥塑支骨

一斤二两沙子掺和（即同等体积的黄土和沙子），加两至三张麻纸。如无麻纸，可用棉花代之。一百斤黄土加三斤棉花，效果与麻纸泥一样。黄土里配沙子可使塑像干后不因收缩而产生裂缝（图 5-23）。

■ 图 5-22　泥塑贴肉

■ 图 5-23　泥塑用细泥穿衣

上细泥的过程即全面塑造的过程，此时的衣纹转折勾抹，面部表情及手部的姿势都将同时完成。面部是塑像的关键部分，往往影响到一尊塑像的成败，要注意眼睛的装法，中国古代泥塑的眼睛一般是用黑色琉璃球，非常逼真。

古代塑像有的身上装饰着很繁复的花纹，如武士身上的盔甲，如果一只一片地去捏制，十分费工。聪明的匠工师傅采取模制技术，可以成批地制出甲片和花饰，既省时间，而且又十分规则。如做插花花饰，先制好一朵，待干后再翻制成范模及模板。在每个范模中抹少许食油，然后用细泥料填满每个范模，把模板中花饰倒出，半干后即可使用。

（四）装饰

装饰即彩画和贴金。等塑像干透后，先用胶矾水刷两至三遍，干后再刷两遍用鸡蛋清加胶水配制的立德粉。与人同等大小的塑像加两颗鸡蛋的蛋清，蛋清起增加光泽的作用。配制时胶水不宜过多，可先做试验，干后用手摸，以不掉色为准。刷上后待干透再用棉花反复擦抹，直到擦出光泽为止。此工序完毕后即可进行彩画工作。彩画传统技法：一般多在颜色中加鸡蛋黄（多用于红、黄、绿等浅颜料）可使颜色光泽鲜亮。有时还在画好的色彩上刷油蜡水（主要用于黑、褐等深颜色上）。刷上几遍后，也用棉花或细布反复擦抹，可擦出油润光亮的效果。油蜡水的配制方法：先将食油滚热加入黄蜡调匀，再加入少量的胶水。食油不宜太多，多了发黑，影响光泽度。

若塑像局部需要贴金，可先将贴金的部位刷上一层黄色颜料，干后刷桐油。待油干到七八成时即可贴金。贴金的方法：沾水先将金箔上层的薄纸粘掉，再贴到刷有桐油的部位，用羊毛刷刷平粘牢就可以了（图 5-24、图 5-25）。

■ 图 5-24 泥塑彩画

■ 图 5-25 泥塑贴金效果

四、彩塑的塑造技艺

中国传统彩塑的塑造技艺从整体比例和局部细节两部分来展开，本书重点讲述局部的三部分：头部塑造技艺，身躯、肢体塑造技艺，衣饰塑造技艺。

（一）头部塑造技艺

头部是塑像局部塑造中最为重要的部分，是传递塑像神韵最主要的部分。我们选取南北不同地区、不同时期的塑像头部进行比较，以得出其共性及个性。

北方地区以甘肃敦煌和山西五台山地区的彩塑为例。头部的处理方法，大致为先确定人物的大体轮廓，再处理五官与额部、脖颈的比例关系，接下来是对五官形态的细致塑造。眉线及眉弓的线条需要准确把握形体才能刻画、塑造出完美的弧线。头部的塑造历来被匠师作为塑像的重中之重，故在这方面积累了很多有价值的经验。头部首先要作为整个塑像的一部分来看待，大小、比例要和整个塑像相协调，然后才是对五官、神情的塑造。

五官在头部塑造中也很重要。民间匠师对五官的造型形成了自己的口诀以利于记忆与传承。如对佛像、菩萨面部五官的概括为“脸如满月”“面如鸡子”“眉如初月”“鼻如玉柱”“眼如弓把”“嘴如娑婆果”“眼皮如莲花瓣”等。这些口诀多依佛相仪轨中三十二相及八十种好而得，如“脸如满月”指佛的脸形，依“面轮修广得所，皎洁光净如秋满月，面部圆满，犹如净月”而来，“嘴如娑婆果”依“唇色光润丹晖，如娑婆果上下相称”所得。这些口诀是检验佛像、菩萨像是否优秀即是否“如法”的一个标准。

脸形的不同对塑造佛、菩萨、罗汉不同的特征起着重要作用。佛“脸如满月”即佛的脸形更倾向于圆形，“面如鸡子”指菩萨的脸形更倾向于椭圆。佛、菩萨更多地受佛教仪轨的限制，而不能有太大变动，而罗汉则不同，有十八罗汉，更有五百罗汉。如果都是一种圆形或椭圆形，则分不清哪个是哪个罗汉了，且佛典对罗汉的形象没有过多限制，故可自由发挥。

从面相上来看，五官中的眉毛有一字眉、八字眉、柳叶眉、虎眉等之分。眼睛有龙眼、凤眼、象眼、蛇眼、狐眼、鱼眼等之分。这些不同的脸形配上不同的五官、发型，别说十八罗汉，五百罗汉根本也不在话下，八百罗汉也不会重样。

总之，头部塑造技艺需要匠师具备整体塑造观念，除比例、脸形、五官这些最基本的要素外，还需掌握佛教典籍中相关的佛教仪轨知识及中国传统面相的相关知识。

（二）身躯、肢体塑造技艺

匠师在塑造身躯、肢体时，同样要有整体观念，这其中最主要的就是比例、姿态以及这二者与神韵之间的关系。

比例以头为衡量单位，流传于民间匠师间的一句塑佛比例口诀就是“行七、座（坐）五、涅架三”。其中佛、菩萨的比例差距不大，护法、罗汉等则小有差异，南北方的比例差异不大。身躯与头部的比例一般为：佛、菩萨的身躯长为 7.5 个头，护法、罗汉的为 6～6.5 个头，盘腿像的为 3.5～4 个头。还有一种特殊情况，即如果塑像过高，人们要仰视佛像，那么从视觉上就要将实际的比例缩小，即将头部再增大。如山西朔州崇福寺弥陀殿内西方三圣中的主佛阿弥陀佛坐像，就将比例调整，使其上身增长，下部缩小，头部的测量数据比正常比例增加了 17 厘米，胸部加长了 10 厘米。

北方的云冈石窟的昙曜五窟、洛阳龙门石窟的奉先寺卢舍那大佛等，南方的重庆宝顶山石窟的西方三圣等造像基本按照这种增大头部的办法来协调视觉上的问题。

佛的姿态及形象大同小异，其区别在于他们的手印不同，最常见的为禅定印、说法印、毗卢印、合掌印、施无畏印等。佛像的姿态因手印的不同而变化。塑造手印的具体姿势需参考相关佛教典籍中的描述，而一般匠师对此都烂熟于心，这是塑佛像的必备基础知识。

佛、菩萨、护法等神像的姿态都有一个特点，即挺胸。这是塑像有神的一个姿势上的保证。塑造佛像时需挺胸，但要舒适，不能像护法像那样挺得过于夸张。

比例、姿态在躯体塑造中的重要性体现在它们和神像的神韵有着直接的关系。比如护法神，一般身高比例为6～6.5个头，如果按正常人的7.5～8个头，体量再跟不上，使佛像显得不是高大魁梧，而是瘦高个了。如果护法再没有挺胸，而是圆肚的姿态，那护法的威猛气势就表现不出来。就像民间匠师所说“护法像尺寸要短一点，就看见粗壮啦，就有力。所以要按正常人的七颗半头做下的话，一看就没力，太瘦。……没有达到佛教里头‘如法’的境界”。这“如法”就是佛教造像在神韵上所要达到的一种境界。

（三）衣饰塑造技艺

佛教造像的头部及肢体塑造技艺南北方并无明显差异，只是在不同时期受社会审美风尚等影响在形体及神韵方面有差别，而衣饰的南北差异较为明显。衣物塑造的具体技法主要集中在质感、流畅度及层次关系上。以山西五台山地区为例，匠师认为要处理好衣纹结构、线条及不同衣饰的层次关系才能表现出衣服接近真实的质感，和画画一样，造像也讲究线条流畅，衣着圆润。在匠师看来，这就是他们眼中标准的北方派，对衣物的塑造还要了解“板楞”和“圆楞”。板楞为衣物边缘的褶皱集中处，是衣纹挤压形成的较为尖锐的转折，为不同层次衣物的分界标识。圆楞则常出现在大面积的衣物上，常用来表现衣物的质感和起伏。二者结合使用则能表现出衣服较为真实的质感。一般来讲，如果塑像衣物质地柔软、衣纹走势如流水，如丝绸类以圆楞为多，即使再小的楞也用圆楞；而如需做一些衣纹转折方硬的衣物，可考虑用板楞手法。

此外，彩塑佛像与装金佛像在衣纹塑法上不同。彩塑佛像在塑造衣纹时多疏而浅，衣纹起伏较小，为的是便于彩绘时行笔。装金佛像在塑造衣纹时尽量细密，纹理似流水，如此便自然流畅。如有些塑像为单色平涂式，最好塑造出起伏较大、线条顺畅的衣纹，以突出衣纹的折叠及立体感。

五、彩塑的彩绘技艺

彩塑的彩绘技艺主要包括三部分：彩绘颜料的调配、沥粉与贴金工艺、刷色技法。

彩塑所用的颜料一般有矿物质颜料和植物颜料两种。矿物质颜料有持久、不易褪色的特点，故多被选用。常用的矿物质颜料有石青、石绿、石黄、朱砂、铅粉、赭石、白垩、金箔、银箔等。植物颜料有藤黄、胭脂、洋红、桃红、紫罗兰、灯焰、松烟等，植物颜料色彩鲜艳、透明，便于使用，缺点是不耐光照、易褪色。使用媒介方面有水、胶、蛋白液、桐油、生漆、熟漆等。使用最多的是矿物质颜料，而且用量大，因此多数塑工都是亲自研磨、淘澄、蒸煮，再分出颜料的层次来，使用后还得每次都要出胶，以防日后颜色发生霉暗现象。当然矿物质颜料也有一定的毒性，在防霉防虫蛀方面很有功效，而且覆盖力强、色泽鲜艳持久。

胶矾水的配制方法在古代文献中的记载与当代匠师在实践得来的方法有些差异。山西五台山地区的匠师则以口尝胶矾水味甜微涩为准，并注重“轻胶重矾”“热胶冷矾”的原则，即矾水与胶水的比例为100∶15，此为轻胶重矾，其中矾水中矾和水的配制比例为3∶100。胶水则为直接将胶块加水熬制出像稀米汤一样稀的胶水。热胶冷矾意为调配胶矾水时用的是热胶水和冷矾水，将二者混合起来搅拌，打起泡沫说明已经搅拌均匀。匠师通过多次实践得出的经验便也成为当代人调配胶矾水的重要方法依据。

沥粉是装饰彩塑的一种手段，主要与贴金相结合。沥，即滴；粉，即白土粉等颜料。沥粉，即将颜料滴在彩塑上，通俗地讲就是画线。沥粉有专门的工具，一般为自制，当代匠师用自行车内胎作为装颜料的容器，前边用铁片或铝片等金属片弯个嘴，就可以画线了。沥粉材料古代有白土粉、香灰、绿豆面、滑石粉、大白粉等材料，当代更多使用滑石粉，调配时加乳胶。

贴金所用材料为金箔。《元代画塑记》中记载的贴金材料为赤金，《民间画工史料》记载清代用金为红金、黄金两种。当代匠师选用的金箔来自国内一些金箔厂所产的金箔，匠师选择的标准就是真黄金所做的金箔，非真黄金所做的金箔，时间长了会变色。贴金的黏合剂清代以前用胶水、明胶、贴金油，当代匠师多用清漆，涂上后晾得发黏后就可贴金了。

中国古代佛教造像彩绘的工艺类型根据现存古籍文献如《清代匠作则例汇编》《民间画工史料》等记载可知，分为上、中、下五彩三大类，如再细分则可分为五至六类，具体可参阅这两本书。

现代彩绘做法则更加清晰明了，从冯世怀、曹厚德等学者所写文章来看，他们根据所塑胎像的等级要求，进行不同档次的色彩装饰，将彩绘工艺分为上五彩、上中五彩、中五彩、下中五彩、下五彩。上五彩、上中五彩多沥粉贴金、堆彩；中五彩则施彩绘、用金线；下中五彩、下五彩因为等级关系，便很少贴金，以单色彩绘。

到了当代则更加简化，等级划分上并不明显。由于上五彩做法较复杂，当代匠师也很少用。匠师更多地依据寺庙要求及资金量来决定彩绘的工艺类型，但基本以上中五彩、中五彩及下五彩为主。南方地区的五彩做法在曹厚德所著《中国佛像艺术》一书中有介绍，如上中五彩的做法为“沥粉贴金做晕色”，中五彩的做法为“追施彩绘饰以沥粉金线”，下五彩为“单色底绘白色团花”。其工序和做法较之北方要更简洁一些，名称叫法也有些差异，但工序内容和北方地区差别不大。

在色调搭配关系上，塑像艺人用简练的口诀形式，概括总结了彩塑设色和各色彩之间不同的效果关系，如：“远看颜色近看花”“文像软、武像硬、软靠硬色色不楞”“红搭绿一块玉”“粉青绿人品细”“要想精加点青”“要想俏带点孝（白色）”“红靠黄必定扬”“黑靠紫必定死”“红搭紫一堆死”“紫是骨头绿是筋、配上红黄色更新”。上述关于彩塑的设色口诀，是历代艺人实践经验的结晶，历经年积月累，口传心授。

第四节 保护与修复

一、损坏彩塑的因素及保护措施

彩塑的保护及修复与其制作材料、工艺和后期的保存状况有着密切的联系。除此之外，彩塑保存过程中的诸多外界环境因素共同作用于彩塑本体，致使彩塑发生着一系列物理、化学及生物变化，甚至造成彩塑骨架腐朽、颜料变色、胶料老化等现象。损坏彩塑的因素及保护措施归纳起来，主要包括以下几个方面。

（一）物理因素

物理因素是指自然环境中的湿度、水分、灰尘、可溶性盐等对彩塑所造成的损害。这些因素对于彩塑的破坏作用是不容忽视的。

对于以泥土为主要材料的彩塑而言，水分是对彩塑产生破坏的关键因素，其破坏形式主要有：①水的侵入导致塑泥变软，并且难以维持原有的造型；②潮湿环境会加速彩塑木质骨架的腐烂，使得彩塑结构从内部产生破坏；③水分的不断渗入与蒸发，促使可溶性盐的不断溶解与结晶，导致彩塑“酥碱”病害的发生；④水分还会引起部分颜料变色，从而影响彩塑的外观。

因此，有效的防潮措施是彩塑长久保存的前提。现今各大彩塑保护区及博物馆所使用的防潮方法主要有：①适时通风，通风是防潮最有效的措施，但在通风和除湿的同时应防止空气污染物的进入，并防止空气中污染物对彩塑产生的破坏；②使用干燥剂和除湿剂，在潮湿地区，可以将干燥剂（例如硅胶或无水氯化钙）放置在隐蔽的区域，以降低彩塑周围的空气湿度，也可以通过使用除湿机达到降低湿度的效果。

空气中的灰尘落在彩塑表面会随着时间的推移逐渐形成厚厚的表面沉积物，再受空气湿度的影响会形成难以清理的结壳，改变彩塑的色彩。同时，颗粒较小的飘尘携带空气中的霉菌孢子进入彩塑内部，以彩塑内芯中的有机物作为自身代谢的原料而进行繁殖，还会产生生物破坏。如果泥塑的骨架被破坏，彩塑泥层可能会松动和脱落，出现整体破坏也是自然的了。

为了有效防止空气中灰尘对彩塑的影响，安装空气净化装置是整体预防灰尘的有效措施，并且可以有效去除颗粒物。同时，门口设置擦鞋垫或让游客穿特制的鞋套，也能够防止外界灰尘的进入。

（二）化学因素

化学因素对彩塑的破坏与该地区的空气污染物有着密切的联系。空气中存在的硫化物、氮氧化物等对彩塑内部骨架以及颜料层的破坏极为严重。空气中的硫化氢气体是一种危害性极大的酸性气体，不仅会破坏彩塑中的有机物，而且还会导致颜料的褪色和变色。比如，蓝色的石青颜料会转化为黑色的硫化铜，甚至连性质极其稳定的铁红颜料也会出现变色。另外，空气中的硫化物、氮氧化物在潮湿环境下会进入彩塑内部与水分结合生成硫酸和硝酸，从而加速彩塑内部有机木骨架发生劣化，造成彩塑整体结构的破坏。

为了有效防止空气污染物对彩塑所造成的损害，应在室内设置空气过滤和净化装置，以降低空气中的污染物含量，并定期对彩塑区空气进行采样分析，加强对空气污染物的监控。与此同时，适当采用可逆的现代抗氧化、抗腐蚀和抗酸性材料对彩塑表面进行有效的防护处理。

光线中的紫外线是一种能量很高的电磁波，它不仅会引起彩塑表面颜料层的褪色以及变色，而且紫外线所携带的高能量会加速有机胶材料的光降解反应而使其发生老化，从而削弱颜料与彩塑表面的结合力，导致彩塑表面颜料的脱落。

彩塑保护中的防光措施，关键是去除光源中的紫外辐射。对此，建议对彩塑所在区域的窗户使用吸收紫外线的玻璃或在玻璃上喷涂紫外线吸收剂，减少紫外线对彩塑的破坏作用。除此之外，彩塑区照明光源既要具有良好的显色性，同时光源的照度应小于 50lx，以防止光源引起的破坏。例如，敦煌莫高窟的洞窟平时是完全避光的，有游客参观时，采用手电筒照明。对于部分旅游景区的彩塑建议减少曝光量，可采用红外感应光源来满足采光需求。另外，尽量劝导游客，避免闪光灯的“频闪”对彩塑产生的破坏。

（三）生物因素

泥塑骨架中的有机物极易遭到虫蛀与细菌等微生物的破坏。

微生物对彩塑的破坏形式表现为：①直接破坏：彩绘胶料等有机物被微生物代谢所利用产生直接破坏，使得颜料与彩塑之间的结合力减弱，导致彩塑表面颜料层粉化。②间接破坏：微生物代谢过程所产生的可溶性色素和草酸等排泄物，会影响颜料层的色度以及颜料的稳定性。例如，兰州交通大学与敦煌研究院合作对莫高窟245窟内细菌多样性及生理生化特征研究结果显示，细菌等微生物的存在会对颜料层产生破坏作用。

昆虫、鸟类等的排泄物会影响彩塑的美观度。此外，南方地区的白蚁也会对当地彩塑产生危害。研究显示，白蚁通过聚集的方式形成大的群体，分泌出大量乙酸，对彩塑内部的有机物产生腐蚀，甚至有时连整体建筑也会遭到破坏。

对彩塑的防虫、防微生物的措施主要有：①保持环境的整洁，整洁的环境是防止昆虫破坏的有效途径。大多数昆虫具有负趋光性，特别应该清理黑暗、隐蔽的地方。②控制适宜的温湿度，通过调控环境的温湿度，可以有效地抑制昆虫和微生物的生长与繁殖，一般彩塑区的温度控制在20℃左右，相对湿度在55%左右。③合理使用杀虫剂，将樟脑丸放置于隐蔽的地方防止昆虫的进入，对已发现的昆虫应立即根除，杜绝其破坏作用。

（四）人为因素

人类有意识和无意识的生产与生活实践会对彩塑文物产生破坏性影响，比如基建、振动等。太原晋祠博物馆对保护区彩塑进行了模拟脉动和汽车振动测试，依据彩塑的残损情况和最大位移角，提出瞬时振动对彩塑影响的判定等级、标准以及不同等级公路应有的避让距离。与此同时，高度发展的旅游业也会对彩塑产生一定程度的人为破坏。敦煌研究院与美国盖蒂保护研究所合作对敦煌莫高窟的部分洞窟进行二氧化碳浓度检测，得出结论：旅游旺季大量游客拥入洞窟，导致洞窟长时间处于“疲劳”状态，窟内二氧化碳浓度大幅度增加，会对壁画以及彩塑的颜料层产生破坏作用。因此，建议应对洞窟的日游客量加以限制，并缩短游客在彩塑区域的滞留时间。

二、传统彩塑的修复

传统彩塑的修复比较复杂，同时又是很重要的一道工序。因为彩塑经过修补以后，残破部分的泥土、颜色是新的，与彩塑原来部分截然不同，有的寺庙还需要补塑出整体塑像。为了使修补后的塑像完整统一、新旧一致，就需要进行做旧工作。

首先，要观察塑像年代的早晚，周围环境及各种因素对它的影响。如烟熏雨淋、风吹日晒以及人为的破损，颜料自身的化学变化，等等。常用的做旧方法有以下几种。

使新颜色减弱色度，变为褪色模糊状。在彩绘时，就应心中有数，不能完全上鲜亮艳丽的新颜色，要事先把颜色调得较灰暗一些，可在色彩中略加些淡量。上色后再用滑石粉或细泥粉擦抹。这样，很容易接近原来的色度，以便加快做旧工作的进行。塑像有烟熏的情况，可先以淡墨烘染，然后拍上炭粉。

若表面有泥层，应视其颗粒的粗细程度，分别用海绵、毛巾、泡沫塑料、丝瓜络等调出泥土色，小心拍出。塑像上如有很细密的泥土层，则需用喷雾器喷出。其他，如表层的划伤裂缝、颜色的剥落、老化等，要看塑像的具体情况而灵活掌握。最后可喷一遍胶矾水，使表层加固。

总之，做旧要适度，要力求准确。有一毫失误，就会失真。通过做旧，塑像各部分以及各塑像之间便统一协调了，与古建筑形成浑然和谐的整体。

修复传统彩塑要树立信心，坚持科学态度做好古代彩塑修复、保护工作。严格遵照《文物保护法》中关于修缮文物时“必须遵守不改变文物原状的原则”进行古代彩塑的修复。对于年代较早、艺术水平较高的古代彩塑，应持极慎重的态度，如没有切实可信的资料，不要随便加以修补，应暂时保持现状，以免破坏原塑。对于年代较晚的、危险欲倒的彩塑，应采取抢救措施，进行支撑加固。在修复中，应参照有关资料，力求忠实原作。建议各地文物部门应该尽快把老匠人组织起来，传艺带徒弟，总结整理传统画塑技法。对他们的经验要组织人力进行整理研究，使我国古代的传统艺术后继有人，并使之为社会主义文艺服务。

参考文献

[1] 孙振华.中国古代雕塑史.北京：中国青年出版社，2011.

[2] 梁思成.中国雕塑史.天津：百花文艺出版社，2006.

[3] 阮荣春，张同标，刘慧.美术考古一万年.上海：上海大学出版社，2008.

[4] 朱广宇.图解传统民居建筑及装饰.北京：机械工业出版社，2011.

[5] 龚明伟，杨建新.东阳木雕.杭州：浙江摄影出版社，2000.

[6] 苗红磊.木雕.北京：中国社会出版社，2008.

[7] 过汉泉.古建筑木工.北京：中国建筑工业出版社，2004.

[8] 李友生.木雕制作技法.北京：北京工艺美术出版社，1999.

[9] 倪灵玲.东阳明清建筑木雕比较研究.杭州：浙江大学，2012.

[10] 徐京华.中国古建筑元素瓦当艺术形式研究与应用.武汉：湖北工业大学，2010.

[11] 任华.秦汉瓦当 西安秦砖汉瓦博物馆建筑与文化.本土营造，2015（12）：37-45.

[12] 陈洁滋.事造剜凿：砖雕.上海：上海科技教育出版社，2007.

[13] 左峻岭.隋唐瓦当的设计特色和艺术价值.大众文艺，2012（14）：77-78.

[14] 刘一鸣.古建筑砖细工.北京：中国建筑工业出版社，2004.

[15] 张道一.中国古代建筑砖雕.南京：江苏美术出版社，2006.

[16] 楼庆西.千门之美.北京：清华大学出版社，2011.

[17] 刘德彪，吴磬军.燕下都瓦当研究.石家庄：河北大学出版社，2004.

[18] 吴磬军，刘德彪.春秋战国时期燕国半瓦当纹饰初步分析.文物春秋，2002（5）：36-42.

[19] 申云艳.中国古代瓦当研究.北京：文物出版社，2006.

[20] 任健.魏晋石雕对晋商建筑艺术设计的影响.四川水泥，2018（8）：111.

[21] 刘大可.中国古建筑瓦石营法.北京：中国建筑工业出版社，1993.

[22] 潘嘉来.中国传统砖雕.北京：人民美术出版社，2008.

[23] 中华人民共和国住房和城乡建设部.古建筑修建工程施工与质量验收规范：JGJ 159.2008.

[24] 李绪洪.中国建筑石雕的演变.建筑技术，2005（12）：945-947.

[25] 楼庆西.砖石艺术.北京：中国建筑工业出版社，2010.

[26] 周彝馨，吕唐军.岭南传统建筑陶塑脊饰及其人文性格研究.中国陶瓷，2015（5）：38-41.

[27] 王永亮.乔家大院的雕刻艺术.文物世界，2009（5）：46-48.

[28] 乔俊海.渠家大院建筑雕饰艺术.太原：山西经济出版社，2014.

[29] 刘凤君.考古中的雕塑艺术.济南：山东画报出版社，2009.

[30] 王进玉.中国古代石窟寺彩塑的种类、分布及其彩绘研究.2005年云冈国际学术研讨会论文集（保护卷），2005.

[31] 韩昌凯.脊兽.北京：中国建筑工业出版社，2012.

[32] 史岩.中国雕塑史图录.上海：上海人民美术出版社，1990.

[33] 陆晓云.彩塑艺术的发展及其风格特点.南通师专学报（社会科学版），1997（2）：35-37.

[34] 冯世怀.泥塑佛像的材料配制及抓塑装色技术.古建园林技术，1995（3）：6-9.

[35] 张亚旭，王丽琴.寺观彩塑的制作工艺与保护研究.中国文物科学研究，2014（4）：61-78.

[36] 陈捷.中国佛寺造像技艺.上海：同济大学出版社，2011.

[37] 徐华铛.中国泥塑纵横谈.浙江工艺美术，2002（3）：41-44.

[38] 许慧，刘汉洲.浅析中国古建筑脊饰的演变情况.中华建筑，2008（12）：188-191.

[39] 徐华铛.中国传统泥塑.北京：人民美术出版社，2005.

[40] 白庚胜，于法鸣.中国民间泥塑技法.北京：中国劳动社会保障出版社，2009.

[41] 杨晓东.浅论中国民间泥塑的写意性.大众文艺，2011（21）：205.

[42] 朱金宇.隋唐雕塑艺术述略.美术观察，2006（2）：101.
[43] 孙元国.中国泥塑艺术起源与发展综述.聊城大学学报（社会科学版），2011（2）：85-86.
[44] 杨秋颖.古寺庙彩绘泥塑宗教造像传统工艺研究体系探讨.文博，2015（4）：48-55.
[45] 刘晶晶，仓诗建.民间泥塑中的色彩解析.美术教育研究，2016（12）：22.
[46] 张锠.中国民间泥彩塑集成·泥人张卷.西安：陕西师范大学出版社，2014.
[47] 雷军良.浅谈民间泥塑泥咕咕质朴之美——读河南浚县民间泥塑有感.大众文艺（理论），2009（22）：238-239.
[48] 王永先，冯冬青.传统彩塑制作工艺与修复.古建园林技术.1988（3）：20-25.
[49] 李裕群.安阳修定寺塔丛考.中国建筑史论汇刊，2102（1）：176-194.
[50] 李先登.王城岗遗址出土的铜器残片及其它.文物，1984（11）：73-75.
[51] 郭发柽.福州木雕的艺术流派.东南传播，2006（8）：17-18.
[52] 殷玮璋.记北京琉璃河遗址出土的西周漆器.考古，1984（5）：449-453.
[53] 阮宾.春秋战国时期之瓦当艺术比较与思考.美术研究，2010（4）：110-111.
[54] 杨宝顺，孙德宣.安阳修定寺唐塔.河南文博通讯，1979（3）：42-46.
[55] 魏千志.繁塔春秋.河南大学学报（社会科学版），1978（5）：73-81.
[56] 开封市博物馆.开封铁塔.中原文物，1977（2）：16-18.
[57] 董雪.东周齐国瓦当纹饰的艺术特色.文物世界：2008（2）：36-39.
[58] 傅天仇.陕西兴平县霍去病墓前的西汉石雕艺术.文物：1964（1）：40-44.
[59] 张道一.砖石精神——南朝陵墓石雕和陶塑艺术.东南大学学报，2002（3）：143-148.
[60] 王其钧.中国建筑图解结构. 北京：机械工业出版社，2016.
[61] 赵前.从中国平面文化的形成看鸱吻的造型演变.同济大学学报，2008（3）：47-51.
[62] 李鼎霞，白化文.佛教造像手印.北京：中华书局，2011.
[63] 楼庆西.户牖之艺.北京：清华大学出版社，2013.